아기 안는 것도 서툰

나는 초보 엄마입니다

Prologue

엄마가 처음인 엄마들이
육아 고수가 되기를 바라며…

재우고 먹이고 입히고 씻기고…. 아기를 돌보는 일상의 모든 일들은 한시도 눈을 뗄 수 없고, 잠깐 쉴 새도
없는 어려운 일이에요.
아홉 달 동안 엄마 배 속에 있던 아기는 엄마와 끊임없이 눈을 맞추고 싶어하며 엄마가 보이지 않으면 불안
해서 울며 보채곤 하죠. 엄마가 아기를 돌보는 일이 힘든 게 당연하듯 아기가 우는 것 또한 당연합니다. 아
기는 울음으로 자신의 의사 표현을 하니까요.
그럼에도 불구하고 아기가 울면 엄마는 어쩔 줄 몰라 안절부절못하게 되죠.

이 책은 이제 막 부모가 된 초보 엄마 아빠나 기본적인 육아에 익숙하지 못한 사람들에게 도움이 되는 책
이에요. 출생 후 12개월까지의 아기를 안아주고, 먹여주고, 달래주고, 놀아주고, 기저귀를 갈아주고, 목
욕시키고, 옷을 입히고, 마사지해주고, 안정시키고, 외출시키는 등 아기를 돌보는 데 필요한 가장 기본적
이고 중요한 것들이 담겨있어요.
또한 아기를 위한 환경 만들어주는 방법과 아기에게 필요한 기본적인 육아용품도 소개하고요. 성장 단계
에 따른 육아법과 아픈 아기를 돌보는 법, 꼭 필요한 응급 처치법 등과 같은 유용한 정보도 가득합니다.
이 책은 특히 사진이 풍부해요. 기저귀 갈기, 옷 입히기, 구석구석 씻기기와 같이 꼭 필요하고도 일상적인
아기 돌보기의 모든 단계를 사진으로 자세히 보여줍니다. 사진마다 간결하면서도 상세한 설명이 달려있어
사진만 봐도 누구나 쉽게 따라 할 수 있답니다.

아기를 돌보는 기술은 따로 있지 않아요. 하지만 기본적인 방법과 노하우는 있지요. 이런 노하우를 바탕
으로 경험과 노력이 쌓여 진짜 육아 고수가 되는 것이랍니다.
이 책을 통해 사랑스러운 아기를 돌보는 일이 부담이 아니라 즐겁고 행복한 일이 될 수 있기를 바랍니다.

Contents

아기의 영양 관리

아기 위생 관리

Contents

CHAPTER 7 아기 환경 만들어주기

CHAPTER 8 아기가 아플 때

CHAPTER 1

우리 아기 이해하기

갓 태어난 아기는 온몸이 불긋불긋하고, 거의 하루 종일 잠만 자며, 배가 고프거나 조금만 불편해도 큰 소리로 울곤 합니다. 아기에 대한 기초 지식이 없는 초보 엄마는 당황스럽기 마련이죠. 아기 몸의 구조나 감각기능, 발달 단계 등 아기의 특징을 알아두면 아기를 더 잘 이해할 수 있어 아기 돌보기가 한결 수월해질 거예요.

아기 몸의 구조

갓 태어난 아기는 눈도 제대로 뜨지 못하고, 머리칼은 새까만 색을 띠며, 온몸이 불긋불긋하다. 하지만 몇 주 지나지 않아 뽀얗고 솜털이 보송보송한 사랑스러운 아기의 모습이 된다. 갓 태어난 아기의 특징을 살펴보자.

1 머리

정수리 끝에는 말랑말랑한 '숫구멍(천문)'이 있다. 숫구멍은 아기의 두개골이 완전히 결합되지 않아 생긴 틈으로, 성장하면서 줄어들어 뒤 숫구멍은 생후 6~8주, 앞 숫구멍은 12~18개월이면 저절로 닫힌다. 신생아의 평균 머리둘레는 34cm 정도다.

2 머리카락

머리카락은 임신 16주부터 나기 시작해서 태어날 때는 제법 까맣고 덥수룩하다. 간혹 머리숱이 별로 없는 아기도 있다. 엄마 배 속에서 난 이 머리털을 '배냇머리'라고 한다. 배냇머리는 생후 3개월 무렵부터 조금씩 빠지면서 새 머리카락이 난다.

3 눈

갓 태어났을 때 아기는 눈을 제대로 뜨지 못하고 실눈을 뜨거나 깜빡거리고 빛을 보면 눈이 부신 듯 눈을 감는다. 처음에는 20~30cm 떨어진 거리에 있는 사물을 인식하지 못하고 명암만 인식하다가 생후 1~2주가 지나면 어느 정도 큰 물체를 식별하게 된다.

4 귀

갓 태어난 아기에게 가장 발달된 감각이 청각이다. 청각은 뱃속에서부터 발달되는데, 태아에게 엄마 아빠의 목소리를 들려주는 것은 이 때문이다. 신생아에게도 음악을 들려주고 부드러운 말투로 어르거나 이야기를 해주는 등 자꾸 말을 거는 게 좋다.

5 몸통

신생아는 머리가 몸통의 1/4 정도 된다. 키는 50cm, 가슴둘레는 35cm, 몸무게는 3~3.5kg 정도 된다. 생후 3~4일간은 출생 시보다 체중이 5~10% 줄기도 하는데, 몸속의 수분과 태변이 빠지면서 나타나는 현상이므로 걱정하지 않아도 된다. 이후 6개월 동안은 하루 20~30g씩 체중이 증가한다.

6 피부

전체적으로 불그스름하며 갓 태어났을 때는 희뿌연 막 같은 태지로 덮여 있다. 처음에 붉은빛을 띠던 피부는 2~3일 정도 지나 노란색을 띠기도 한다. 피부가 노랗게 되는 것은 아직 간기능이 미숙해 일시적인 황달기가 나타나는 것인데 1~2주 정도 지나면 없어진다.

7 생식기

생식기가 약간 부풀어 보이는 것이 정상이다. 아기의 생식기는 앞으로의 크기나 모양에 영향을 미치지 않는다.

8 체온

아기의 체온은 성인의 평균 체온인 36.5℃보다 0.5℃ 높은 37℃ 안팎이다. 신생아는 체온 조절 능력이 미숙하므로 방안을 너무 덥지 않게 해야 한다. 방의 온도는 22~25℃, 습도는 40~60% 정도가 적당하다.

9 탯줄

탯줄을 자른 부위는 처음에는 촉촉하지만 생후 10일 정도면 딱딱하게 말라서 자연스럽게 떨어지게 된다. 탯줄이 떨어지기 전까지는 조심해서 관리해준다. 목욕을 시킬 때는 감염에 주의하고 건조하게 관리한다.

10 팔다리

갓난아기는 보통 엄마 배 속에서 있던 모습처럼 팔꿈치를 구부린 채 주먹을 꼭 쥐고 무릎을 바깥쪽으로 구부리고 있는 자세를 취한다. 바르게 성장시키기 위해 팔다리를 잡고 쭉쭉 펴주는 운동을 자주 해준다.

11 몽고반점

흔히 아기들은 어깨나 등, 엉덩이, 넓적다리 등의 부위에 '몽고반점'이라고 부르는 멍 같은 퍼런 자국이 있다. 크기는 아기마다 조금씩 다른데 자라면서 색깔이 엷어지다가 저절로 없어진다.

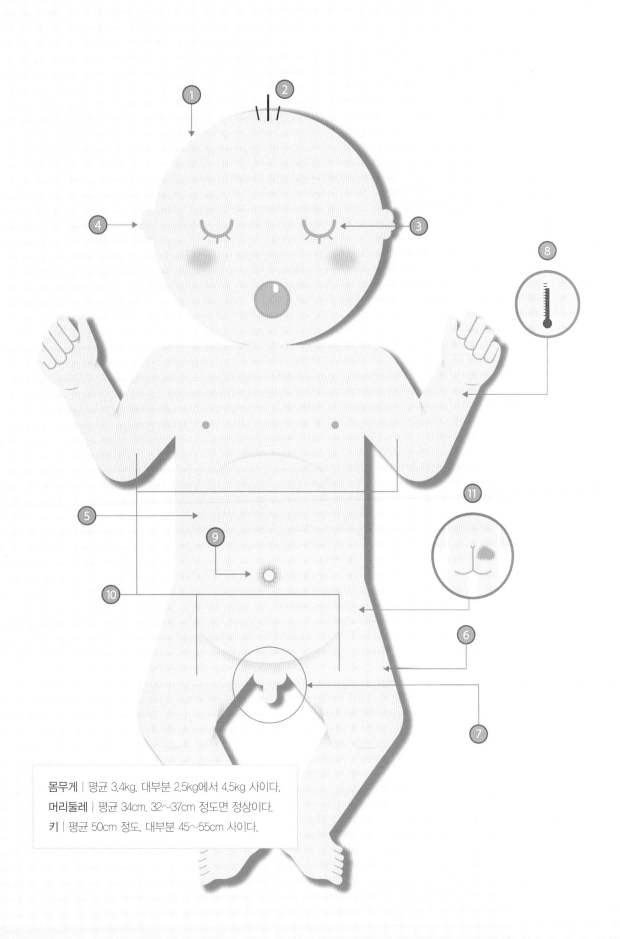

몸무게 | 평균 3.4kg. 대부분 2.5kg에서 4.5kg 사이이다.
머리둘레 | 평균 34cm. 32~37cm 정도면 정상이다.
키 | 평균 50cm 정도. 대부분 45~55cm 사이이다.

PART
2

소아 성장도표

우리 아기의 성장이 다른 아기와 비교해 늦거나 빠른 것은 아닌지 궁금할 때가 많다. 대한소아과학회에서 2017년에 발표한 우리나라 아기의 발육표준치를 참고해보면 우리 아기의 성장이 어느 정도인지 가늠해볼 수 있다. 아기는 갑자기 성장이 빨라지기도 하므로 그때그때 일희일비할 필요는 없다.

0~24개월 신장 백분위수

━━━━ 여자
━━━━ 남자

0~24개월 체중 백분위수

━━━━ 여자
━━━━ 남자

소아 성장도표(2017, 대한소아과학회)

*백분위 50 기준임

0~24개월 머리둘레 백분위수

여자
남자

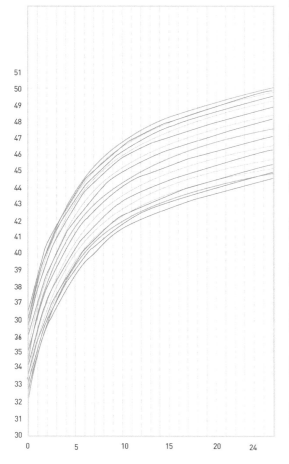

| 남아 | | | | 여아 | | |
체중 (kg)	신장 (cm)	머리 둘레 (cm)	연령	체중 (kg)	신장 (cm)	머리 둘레 (cm)
3.3	49.9	34.5	출생시	3.2	49.1	33.9
4.5	54.7	37.3	1개월	4.2	53.7	36.5
5.6	58.4	39.1	2개월	5.1	57.1	38.3
6.4	61.4	40.5	3개월	5.8	59.8	39.5
7.0	63.9	41.6	4개월	6.4	62.1	40.6
7.5	65.9	42.6	5개월	6.9	64.0	41.5
7.9	67.6	43.3	6개월	7.3	65.7	42.2
8.3	69.2	44.0	7개월	7.6	67.3	42.8
8.6	70.6	44.5	8개월	7.9	68.7	43.4
8.9	72.0	45.0	9개월	8.2	70.1	43.8
9.2	73.3	45.4	10개월	8.5	71.5	44.2
9.4	74.5	45.8	11개월	8.7	72.8	44.6
9.6	75.7	46.1	12개월	8.9	74.0	44.9
9.9	76.9	46.3	13개월	9.2	75.2	45.2
10.1	78.0	46.6	14개월	9.4	76.4	45.4
10.3	79.1	46.8	15개월	9.6	77.5	45.7
10.5	80.2	47.0	16개월	9.8	78.6	45.9
10.7	81.2	47.2	17개월	10.0	79.7	46.1
10.9	82.3	47.4	18개월	10.2	80.7	46.2
11.1	83.2	47.5	19개월	10.4	81.7	46.4
11.3	84.2	47.7	20개월	10.6	82.7	46.6
11.5	85.1	47.8	21개월	10.9	83.7	46.7
11.8	86.0	48.0	22개월	11.1	84.6	46.9
12.0	86.9	48.1	23개월	11.3	85.5	47.0
12.2	87.1	48.3	24개월	11.5	85.7	47.2

아기의 감각기능과 반사능력

갓 태어난 아기는 감각기능이나 운동능력이 발달돼있지 않고 전반적인 신체기능이 미숙하다. 아기마다 조금씩 차이는 있지만 생후 1개월이 지나면 발달 상태가 눈에 띄게 달라진다. 아기에게 중요한 시기인 생후 1개월 무렵 아기의 감각기능이나 반사능력을 알아보고 발달에 문제가 없는지 살펴보자.

감각기능 · 운동능력 파악하기

시각

갓 태어난 아기는 20~30cm 이내의 물체를 볼 수 있다. 눈으로 물체를 따라가며 좇는 것도 가능하다. 색깔이 있는 물체보다 검은색과 흰색에 더 관심을 보이는 시기이므로 아기가 보는 위치에 흑백의 모빌을 달아주는 것이 좋다.

대부분의 아기는 물체보다는 사람의 얼굴 보는 것을 좋아한다. 엄마 아빠가 가까이에서 눈을 맞추며 돌봐주면 시각 발달에 도움이 된다.

후각

아기의 후각기관은 엄마 냄새와 젖 냄새를 인식한다. 아기의 후각 능력을 발달시키려면 아기가 태어나고 처음 몇 달 동안은 엄마가 향수를 뿌리거나 아기에게 향이 진한 비누를 사용하지 않는 것이 좋다. 이런 제품을 사용하면 짙은 향에 가려져서 아기가 엄마 냄새를 인식하기 힘들 수도 있다.

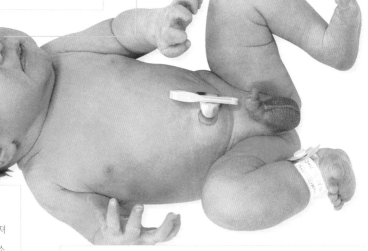

청각

아기의 청각 기능은 태어날 때부터 갖춰져 있다. 아기는 소리를 알아듣고 익숙한 목소리가 나는 쪽으로 목을 돌린다. 아기의 청각 기능을 발달시키고 싶다면 음악을 틀어주거나, 말을 걸거나, 노래를 불러주는 등 다양한 소리로 자극을 준다. 이렇게 하면 단순히 소리를 인식하는 것뿐만이 아니라 다양한 소리를 구분하는 능력이 생겨 청각 발달이 더 빨라진다.

운동능력

생후 1개월 정도가 되면 아기는 자신의 신체에 대한 자각이 생긴다. 주먹을 쥐어서 입으로 가져가기도 하며, 2~3개월 정도 되면 머리와 목의 힘도 생긴다. 목에 힘이 생기면 머리를 들어 올리는 것이 가능하다. 아기의 운동능력을 강화시키려면 아기를 엎드린 자세로 놀게 하는 것이 좋다. 엎드린 자세는 아기의 머리와 목의 힘을 강화시킨다. 아기의 팔과 다리를 가지고 놀아주면 아기가 그 부분이 자기 신체의 일부임을 인식하는 데 도움이 된다.

반사능력 알아보기

아기는 생존을 유지하고 환경에 적응하기 위해 다양한 반사능력을 가지고 태어난다. 반사는 근육에 직접적인 자극이 가해졌을 때 무의식적으로 일어나는 동작이다. 반사능력의 정상 여부는 신경과 근육의 성숙도를 판단하는 데 중요하다. 간단한 테스트를 통해 아기의 반사능력을 알아보자.

빨기 반사 | 빨기 반사는 갓 태어난 아기가 영양을 공급받는 수단이다. 생후 1개월 정도가 되면 의식적으로 빠는 단계로 발전한다. 엄마의 젖이나 손가락, 또는 고무젖꼭지를 아기의 입에 물리는 훈련을 한다.

먹이 찾기 반사 | 아기의 입술에 손을 갖다 대면 반사적으로 자극이 오는 방향으로 얼굴을 돌리고 입을 벌린다. 아기를 안은 채 한쪽 볼을 건드린다. 다른 쪽 볼에도 되풀이해서 자극을 준다.

쥐기 반사 | 아기의 손바닥을 손가락으로 가볍게 자극하면 아기는 손을 꽉 쥔다. 발도 자극을 주면 오므리는 반응을 보인다.

모로 반사 | 아기를 건드리거나 가볍게 들어 올렸다가 갑자기 내리면 놀라서 팔다리를 가슴 쪽으로 모으고 손은 무언가를 껴안는 듯한 동작을 한다.

일으키기 반사 | 아기의 근육이 제대로 움직이는지 알아볼 수 있는 반사로, 아기의 두 손을 잡고 일으키는 시늉을 하면 아기도 몸을 일으키며 힘을 준다.

보행 반사 | 아기가 두 발을 걷듯이 교대로 움직이는 반사다. 서거나 걷지 못하는 아기라도 엄마가 아기의 몸통이나 손을 잡고 움직이면 아기는 발을 번갈아 움직이며 앞으로 나아가는 동작을 한다.

Doctor's Advice
이럴 때 의사선생님과 상의하세요

생후 1개월이 지났는데도 발달이 더디다고 걱정할 필요는 없다. 발달 속도는 아기마다 다 다르다. 하지만 아기가 큰 소리에 반응하지 않거나, 팔다리를 잘 움직이지 않거나, 눈으로 물체를 좇지 않거나, 밝은 빛이 눈에 비춰져도 눈을 깜빡이지 않으면 의사와 상의한다.

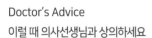

PART 4

생후 1년 아기의 발달 단계

아기는 자라면서 여러 발달 단계를 거친다. 발달 정도는 아기마다 다르며, 모든 아기가 일정한 시기에 특정 발달 단계에 도달하는 것은 아니다. 하지만 대부분은 성장 단계에 맞게, 예측되는 순서대로 발달하니 특별히 걱정하지 않아도 된다.

아기의 감각기능이나 운동능력 등의 발달 상태는 여러 아기들의 평균치를 나타낸 것이다. 신체구조나 기능은 아기마다 다르므로 일반적인 발달 단계의 평균에 미치지 못해도 불안해할 필요 없다. 평균치에서 벗어났다고 아기의 능력에 영향을 미치는 것은 아니다.

걸음마가 늦었더라도 말은 빨리 배울 수 있다. 어떤 아기는 종합적인 능력을 터득하는 것이 다른 아기들보다 빠르며, 또 다른 아기는 운동능력보다 사회적 혹은 정신적 능력 향상이 더 빠를 수도 있다. 아기마다, 발달의 종류마다 다양한 경우의 수가 존재한다.

일반적으로는 앉고, 기고, 일어서는 순서로 운동능력이 발달한다. 하지만 어떤 아기들은 기어 다니는 단계를 뛰어넘어 갑자기 일어서기도 한다. 일어선 다음에는 가구를 잡고 걷다가 차츰 혼자서 걷는 단계로 발전한다.

0~3개월

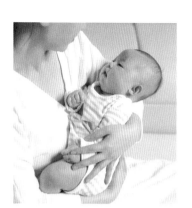

- 엄마 아빠의 얼굴을 알아보고 목소리를 알아듣는다.
- 소리가 나는 곳을 돌아볼 수 있고, 엄마 아빠의 얼굴을 바라보며 시선 맞추는 것을 즐긴다.
- 엄마의 미소에 응답하여 방긋 웃기도 하고, 엄마의 얼굴 표정을 따라 할 수도 있다.
- 옹알이를 하면서 엄마와 대화를 할 수 있게 되고, 안아주고 흔들어주는 것을 좋아한다.
- 낯선 사람의 얼굴에 관심을 갖게 되며, 더 복잡한 시각적 무늬에 흥미를 갖게 된다.
- 까르르 웃고, 엄마의 목소리를 들으면 자연스럽게 미소를 짓는다.
- 한 번에 자는 시간이 길어진다.
- 고개를 더 잘 가누고, 몸을 구르는 등 전반적으로 신체 조정 능력이 향상된다.
- 물체에 더 자주 다가가거나 물체를 잡는다.

위험 신호 생후 3개월이 지났는데 다음 중 한 가지라도 해당되면 의사와 상의한다.

- 눈으로 물체를 잘 좇지 못한다.
- 큰 소리나 부모의 목소리에 반응을 보이지 않는다.

4~6개월

- 움직이는 물체에 주의를 기울이고, 좋아하는 것이 있으면 잡으려 한다.
- 거울을 통해 자신의 모습을 보는 것을 좋아하며 까꿍 놀이를 즐긴다.
- 두 손으로 물체를 잡을 수 있고, 물체의 질감을 탐구한다.
- 뭐든지 입에 가져가 탐구하려고 한다.
- 표정과 목소리로 기쁨, 불만, 두려움, 기대, 걱정 등의 감정을 분명히 표현할 수 있게 된다.
- 엄마 아빠가 내는 간단한 소리를 따라 하고 옹알이를 한다.
- 젖 먹는 간격이 길어지고 이유식을 먹기 시작한다.
- 오랫동안 울지 않고 혼자서 잘 논다.
- 뒤집기와 앉기를 배우고, 독립적인 움직임이 더 많아진다.
- 물건을 자주 물어뜯는다.
- 손으로 만지려고 하면서 주변을 탐색하기 시작한다

위험 신호 생후 6개월이 지났는데 다음 중 한 가지라도 해당되면 의사와 상의한다.

- 엄마 아빠의 말을 따라 옹알이를 하지 않는다.
- 물체를 잡고 입으로 가져가지 않는다.
- 모로 반사가 아직 나타나는 것 같다.

7~9개월

- 장난감을 눈앞에서 치우면 찾는다. 눈앞에 보이지 않아도 여전히 뭔가 존재하고 있다는 사실을 이해한다.
- 옹알이로 엄마 아빠의 말을 따라 하려고 한다.
- 일상적인 사건에 대한 예측력이 생긴다. 문 여는 소리가 들리고 '아빠가 집에 왔다!'라는 것을 안다.
- 만족감을 표현하고 소리를 흉내 낼 수도 있다.
- 분리불안 증세가 흔하게 일어나며, 엄마가 방을 떠나는 것에 대해 강하게 불만을 표현한다.
- 장난감을 빼앗으면 속상해한다. 팔을 들어 안아달라는 신호를 보낸다.
- 뒤집기가 능숙해지고 서서히 기어 다니기 시작한다. 9개월 무렵에는 붙잡고 일어서기를 배우면서 더 독립적으로 움직인다.
- 물체를 조작하고, 물체가 어떻게 움직이는지 이해하기 시작한다

위험 신호 생후 9개월이 지났는데 다음 중 한 가지라도 해당되면 의사와 상의한다.

- 몸 한쪽을 끌면서 기어 다닌다.
- 옹알이가 발전되지 않고 "어어"라고만 하거나 웅얼거리기만 한다.

10~12개월

- 물건의 이름을 인식한다. 엄마 아빠가 물건의 이름을 말하면 그쪽을 쳐다본다. 엄마, '아빠' 이외에 몇 가지 단어를 말한다.
- 공간 감각이 생긴다. 엄마 아빠가 다른 방에서 부르면 찾아온다.
- "안 돼"라고 말하면 반응을 보인다. 머리를 좌우로 흔드는 것이 "안돼"라는 것을 의미한다는 것을 알고 고개를 저을 수도 있다.
- 엄마와 함께 책 읽는 것을 즐긴다.
- 인형 놀이를 즐긴다. 곰 인형을 껴안으며 흉내 내기 놀이를 시작한다.
- 검지로 가리키기 시작하며, 검지와 엄지로 작은 물건을 잡을 수 있다.
- 처음에 도움을 받아 일어서다가 차츰 혼자 일어서고, 빠르면 몇 걸음 걸을 수도 있다.
- 걷기와 기어오르기 요령을 습득하면서 전보다 훨씬 더 독립적으로 움직인다.

위험 신호 생후 12개월이 지났는데 다음 중 한 가지라도 해당되면 의사와 상의한다.

- 아기가 아무 소리도 내지 않는다.
- 엄마 아빠의 행동을 따라 하지 않는다.
- 도와줘도 서 있지 못한다.

발달 단계별 주의할 점

뒤집기 시작할 때

6개월 무렵이면 누운 상태에서 엎드리는 것이 가능하고, 그로부터 한두 달 뒤에는 엎드린 상태에서 뒤로 눕는 동작이 가능하다. 움직임이 많아지는 때이므로 침대에서 굴러떨어지지 않도록 주의해서 살핀다. 아기 혼자 둘 때는 안전가드가 있는 침대에 눕히도록 한다.

기어 다니기 시작할 때

9개월 전후가 되면 기어 다니기 시작한다. 뒤로 기어가기도 하고, 몸을 돌리거나 기어가다 자기 손에 걸려 넘어지기도 한다. 넘어져도 아프지 않도록 카펫이나 매트를 깔아둔다. 기어 다니면서 손에 잡히는 것은 모두 입에 가져가려고 하므로 주변을 정리하고, 입에 넣어도 되는 물건을 깨끗이 씻어 놓아둔다.

붙잡고 일어설 때

기는 것이 완전히 익숙해지면 10개월 무렵이면 가구나 엄마 아빠를 붙잡고 일어서기 시작한다. 붙잡고 일어서기 시작할 때 자칫 균형을 잃고 넘어지기 쉽다. 베개나 부드러운 담요를 가까이에 두었다가 아기가 붙잡고 일어서기 시작하면 발 가까이에 놓아준다.

기어오르기 시작할 때

붙잡고 일어서기 단계에서 계단이나 가구들 위로 기어오르기 단계로 발전한다. 이때 아기에게서 눈을 떼지 않는다. 아기들은 대부분 올라갈 줄은 알지만 내려오는 법은 모른다. 기어오르는 동안 아기를 받쳐주고, 내려올 때는 뒷걸음질로 내려오도록 훈련시킨다.

걷기 시작할 때

붙잡고 일어서다가 차츰 다리의 힘이 붙으면 혼자 서기 시작하고, 12개월쯤 되면 걸음마를 시작한다. 이 시기에는 양말을 신기면 미끄러져서 넘어지기 쉬우므로 되도록 맨발로 걷게 한다. 아기가 걸어갈 길을 치워줘서 목적지를 향해 가도록 훈련시킨다.

아기 발달을 돕는 자극

아기의 감각 발달을 위해 다양한 경험을 하도록 해준다. 다양한 장난감을 갖고 놀게 하거나 다른 아기들과 함께 두어 놀게 하는 것도 좋다. 시장에 데리고 나가 둘러보게 하는 것도 감각 발달에 도움이 된다. 아빠가 머리 위로 번쩍 안거나 목에 걸터앉히는 것도 새롭고 신나는 느낌을 경험하게 한다.

가능하면 다양한 감각 체험을 하게 한다. 화려한 색깔이나 움직이는 물체에 흥미를 느끼는 시기이므로 움직이는 모빌을 달아매 주거나 앞에 놓아줘서 갖고 놀게 한다. 딸랑이나 종. 구슬 등 재미있는 소리로 귀를 즐겁게 하는 것도 좋다.
　　부드러운 깃털이나 질감을 느낄 수 있는 장난감으로 촉각을 발달시키고, 음식을 데우거나 식혀서 따뜻하고 차가운 감각을 느낄 수 있게 해주는 것도 아기의 감각 발달에 도움이 된다. 이유식을 하면서 새콤달콤한 다양한 맛을 느끼게 해주는 것도 좋다.

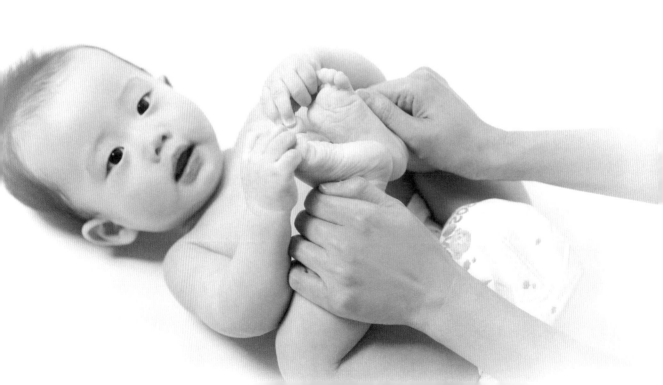

0~2개월

· 아기와 눈을 자주 맞춘다 · 아기에게 적극적으로 말을 건다 · 주변의 다양한 소리를 들려준다 · 기저귀를 갈면서 팔다리 늘리기를 한다.

3~4개월

· 한 곳에 시선을 오래 둔다 · 아기와 옹알이를 하면서 웃게 한다 · 장난감을 손에 쥐게 한다 · 엎드리는 연습을 시킨다.

5~6개월

· 배밀이를 시작한다. 엄마와 까꿍 놀이를 한다 · 과장된 표정과 목소리로 아기의 감정 표현을 유도한다 · 두 손으로 물체를 잡을 수 있도록 해준다.

7~8개월

· 경험 자극으로 예측력을 길러준다 · 소리 나는 장난감을 쥐어주거나 딸랑이를 흔들며 기어 오게 한다 · 옹알이를 통해 의사 표현을 할 수 있다 · 흉내 내기 놀이를 한다.

9~10개월

· 기쁨. 슬픔 등 아기의 감정 표현을 유도한다 · 안 되는 것이 있다는 것을 가르친다 · 동화책을 읽어준다 · 가구를 붙잡고 일어서게 한다.

11~12개월

· 인형놀이와 같은 흉내 내기 놀이를 한다 · 스스로 일어서게 한다 · 엄마의 손을 잡고 걸음마를 한다 · 작은 물건을 집게 한다.

CHAPTER 2

아기 다루기

아기가 스스로 일어나 앉거나 걷기 전까지는 아기를 들거나 안아야 할 때가 많아요. 신생아기에 아기를 포근히 안아주면 부모와 아기의 유대감 형성에도 아주 좋답니다. 아기 들어 올리기, 안아주기, 아기띠 사용해서 업기, 우는 아기 달래기 등 아기 돌보기의 기본기를 배워볼까요?

아기 안기

아기는 엄마 품에 안기는 것을 좋아한다. 갓 태어난 아기는 엄마가 꼭 안고 있으면 편안함을 느낀다.
아기가 목을 가누기 전까지는 목을 잘 받쳐주면서 안정감 있게 안아주어야 한다. 어깨에 대고 안거나
위 또는 아래를 바라보게 안는 등 엄마와 아기가 편한 안기 자세를 익혀보자.

갓난아기 안는 방법

모든 아기는 신체적 접촉을 즐긴다. 아기가 안정과 사랑을 느끼기 위해서는 포옹과 안아주기가 필요하다. 이제 막
부모가 된 엄마 아빠는 아기가 깨어 있는 시간 대부분을 아기를 안고 지낸다. 이때 주의해야 할 점은 아기를 위험에
처하게 하는 행동은 하지 말아야 한다. 아기를 안은 상태로 뜨거운 물이 담긴 주전자를 들거나 다른 것을 잡으려고 손을
뻗는 행동을 하지 않도록 해야 한다.

갓난아기는 엄마 품에 꼭 안기는 것을 좋아한다. 아기는 자궁이라는 갇힌 공간에 있다가 나왔기 때문에, 팔다리가
엄마의 몸에 밀착된 상태로 부드럽게 엄마의 팔에 안겨 있을 때 더 큰 행복과 편안함을 느낀다.

아기를 안고 있으면 엄마가 아기의 상태를 살피기도 좋다. 아기의 표정 변화를 금방 알 수 있고, 아기가 주변 세상을
발견해나가는 것을 관찰할 수 있다. 아기가 스스로 머리를 지탱하기 전까지는 아기를 들거나 안을 때 반드시 목을
받쳐줘야 한다.

엄마, 아빠의 품에 안기면 아기는 부모가 가까이 있는 것
을 알고 안전함을 느낀다. 특히 맥박이나 심장 소리가 들
리는 자세로 안으면 더 위안이 된다.

위를 바라보게 안기

아기의 등을 팔꿈치 안쪽에 위치시키고, 다른 손은 엉덩이에 둔다. 한 손으로 안을 때는 아기의 머리와 등, 엉덩이를 부드럽게 안아야 한다. 하지만 양손으로 안아야 아기를 더 잘 받칠 수 있다.

아래를 바라보게 안기

아기의 머리를 팔꿈치 안쪽에 위치시켜 받쳐주고, 가슴은 팔뚝으로 받친다. 다른 손은 다리 사이에 두어 아기의 배가 엄마의 손에 얹히도록 한다.

어깨에 대고 안기

한 손으로 아기의 엉덩이를 받치고, 다른 한 손으로는 목과 등 윗부분을 받쳐준다.

목을 가누기 시작할 때 안는 방법

생후 4개월 정도 되어서 아기가 목을 가누고 고개를 똑바로 들 수 있게 되면 아기를 안을 때 목 부분을 조금 덜 받쳐줘도 된다. 이때는 아기 드는 방법을 다양하게 변화시켜서 아기의 시야를 더 넓게 해준다.

아기가 앞을 보게 안기

아기가 엄마를 등지게 해서 안는다. 한 손은 아기의 팔 밑에서부터 가슴을 가로지르도록 하고, 다른 한 손은 엉덩이를 받친다.

엉덩이에 걸터앉히기

아기를 엄마의 옆구리에 걸터앉게 하는 방법. 아기의 다리를 앞뒤로 벌려 아기를 엄마의 골반에 걸치게 한 다음 엄마의 한 손은 아기의 등을 둘러 감싸서 받쳐주고 다른 한 손으로는 아기의 엉덩이를 받쳐준다.

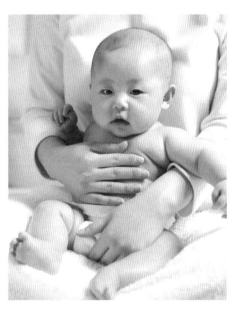

아기 들기

태어나서 몇 달간은 아기를 들어 올려야 할 일이 많다. 아기를 들어 올릴 때는 항상 아기가 놀라지 않도록 조심스럽고 부드럽게 다뤄야 한다. 목을 가누기 전까지는 한 손으로 목과 머리를 받치고 다른 한 손으로 몸통을 들어 올리는 게 기본자세다. 가슴 위치로 들어 올려 아기가 편안함과 안정감을 느끼도록 하는 것도 중요하다.

놀라지 않게 부드럽게 들어 올린다

갓 태어난 아기는 등을 바닥에 대고 누운 상태로 잠을 자고, 기저귀를 갈 때도 누운 자세를 취한다. 그렇기 때문에 아기를 들어 올릴 때는 대부분 바로 누운 자세에서 들게 된다.

아기가 잠들어 있는 경우에는 부드럽게 깨운 뒤에 들어 올려야 한다. 잘못하다 아기가 놀라서 울거나 목이 꺾여 다칠 수도 있으니 능숙해질 때까지 조심하는 것이 중요하다. 부드럽고 다정하게 말을 걸며 볼을 만져주면 아기를 안심시키는 데 도움이 된다. 아기를 들 때는 양육자의 허리와 손목에 무리가 가지 않도록 해야 하는데, 가까이 다가가서 구부려 앉은 다음 들어야 한다.

엎드려 놀게 하면 발육에 좋다

누워만 있는 것보다 엎드려 노는 것이 발육에 도움이 된다. 아직 고개를 잘 가누지 못 할 때라도 아기가 땅에 배를 댄 자세로 일정한 시간을 보낼 수 있도록 하면 좋다. 하지만 엎어놓은 상태로 절대 아기를 혼자 두어서는 안 된다.

안아주면 손 탄다 vs 안아줄수록 좋다

아기가 보채거나 떼를 쓸 때 어른들은 '손 탄다'며 안아주기를 자제하라고 하곤 한다. 그러나 많은 육아 전문가들은 스킨십의 중요성을 강조하며 아이가 원할 때마다 안아주기를 권하기도 한다. 신생아 시기에는 많이 안아줄수록 심리적으로 안정되고 성장하는데 도움이 되므로 자주 안아주는 것이 좋다.

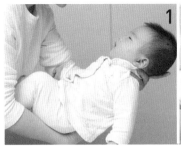  

1 목과 엉덩이를 받쳐준다

몸을 아기에게 가까이 기울여 한 손을 머리 밑으로, 다른 한 손은 엉덩이 밑으로 슬며시 넣는다. 아기의 체중이 손에 실리도록 하여 서서히 들어 올린다. 만약 아기가 잠에서 깨거나 놀란다면 차분한 목소리로 말을 건네서 아기를 안심시킨다.

2 조심스럽게 들어 올린다

몸을 기울인 상태로 아기의 머리가 안정적으로 받쳐졌는지 확인하면서 부드럽게 들어 올린다. 이때 아기의 머리를 몸보다 조금 높게 올린다. 아기가 잠에서 깨면 말을 건네며 눈을 맞추는 것이 좋다.

3 팔꿈치 안쪽으로 밀착시킨다

아기를 가슴 가까이 안으면서 엉덩이를 받치고 있던 손을 위로 올려 등을 받친다. 다른 쪽 팔로는 아기의 몸을 감싸 아기의 머리가 팔꿈치 안쪽에 위치하도록 밀착시킨다.

아기를 내려놓을 때는 반대로 하면 된다. 아기를 엄마의 몸으로부터 부드럽고 조심스럽게 떼어낸다. 이때 한 손은 아기의 머리와 목을, 다른 한 손은 엉덩이를 받쳐준다.

아기를 들어 올릴 때 대부분은 바로 누운 자세에서 들게 된다. 바로 눕는 것이 아기에게 가장 안전하기 때문이다. 하지만 때로는 엎드려 있는 자세에서 들어야 하는 경우도 있다. 예를 들면 아기가 배를 대고 엎드려 놀 때나 잠든 상태에서 구를 때 등이다. 아기가 크면 클수록 다양한 경우가 있을 수 있다. 엎드린 자세에서 들 때는 배와 머리를 받쳐 아기가 옆면을 바라보도록 하고 들어준다.

PART 3

아기띠 사용하기

아기를 데리고 외출할 때 아기띠를 사용하면 편리하다. 아기띠를 하면 아기를 안고서도 손이 움직이기가 쉬워 일상적인 활동이 가능하고 아기는 아기대로 편안함을 느낀다. 아기를 다양한 자세로 안거나 업을 수 있게 해준다는 점에서도 유용하다. 아기띠 두르는 방법을 익혀보자.

. . . .

아기를 데리고 외출할 때 아기띠를 사용하면 편리하다

아기띠는 편리함뿐만 아니라 아기의 정서에도 좋다. 엄마의 가슴이나 등에 밀착시켜서 애착육아를 할 수 있게 해주기 때문이다. 아기띠는 아기에게는 아늑함과 안전함을 느끼게 하고, 엄마에게는 일상적인 일을 할 수 있게 한다. 아기띠를 두르는 방법에 따라 아기를 다양한 자세로 안거나 업을 수도 있다. 엄마를 바라보거나 올려다보게 할 수도 있고, 바깥쪽을 보게 할 수도 있다.

아기띠를 사용할 때는 아기띠 안에 아기의 얼굴이 파묻히게 하거나, 아기의 턱을 숙인 채로 가슴에 닿게 두어서는 안 된다. 호흡에 방해가 되기 때문이다.

아기띠로 아기를 안거나 업을 때는 이를 감안해서 옷을 입혀야 한다. 아기띠 자체도 보온 효과가 있지만 엄마의 체온이 전달되어 아기띠 안이 더욱 따뜻해진다. 아기의 목 쪽에 손을 넣어봐서 아기가 너무 덥지 않은지, 목이 축축하지 않은지 주기적으로 살피도록 한다.

아기띠는 엄마와 아기를 밀착시켜서 가까워지게 한다. 아기띠를 하면 아기는 엄마의 품에서 엄마의 목소리와 심장 소리를 들을 수 있다. 뿐만 아니라 엄마가 일상적인 생활을 하며 움직이는 동작들을 함께 느끼게 되어 지루하지 않고 발달에도 도움이 된다.

슬링 아기띠 두르는 법

탄력 있는 천 재질로 만들어져 갓 태어난 신생아 시기부터 사용할 수 있는 것이 바로 슬링 아기띠다. 신생아는 특히 허리를 세우면 바로 허리로 무리가 가기 때문에 눕힌 상태로 안아줘야 하는데 슬링은 최적의 자세를 만들어준다. 5개월 전후까지 사용하기에 좋다.

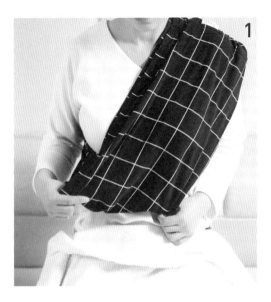

1 끈을 한쪽 어깨에 두른다
아기띠의 한쪽 끈을 한쪽 어깨에 두른다.

2 반대쪽 어깨에도 끈을 두른다
반대쪽 끈을 X자 모양으로 어깨에 둘러준다.

3 아기를 안에 넣는다
아기를 부드럽게 들어 엄마의 가슴에서 X자로 교차시킨 주머니 안에 넣는다.

4 끈을 잘 조절해 아기를 편안하게 안는다
아기의 자세가 편안하고 안전한지 확인한 뒤 아기의 등을 감싸준다. 발을 양쪽으로 잘 빼줘야 한다.

PART 4
다양한 아기띠 사용하기

아기의 체중이 늘면 엄마의 허리에 부담을 덜 주는 아기띠를 사용하는 것이 좋다. 요즘에는 활용도 높은 캐리어 형 아기띠와 아기를 앉힐 수 있도록 단단한 엉덩이 받침대가 부착된 힙시트형 아기띠도 나와 있다. 엄마와 아기가 편리하게 사용할 수 있는 것을 고른다.

아기의 개월 수가 늘어나면 아기의 체중을 더 잘 지탱해서 엄마의 허리에 부담을 덜 주는 아기띠를 사용하는 것이 좋다. 어떤 것이든 아기띠는 아기가 엄마를 바라보거나 앞을 바라볼 수 있게 만들어져 있다.

아기띠는 가능하면 아기의 나이나 체중에 맞는 것을 선택하는 것이 좋다. 부드러운 천으로 된 아기띠는 갓난아기에게 적합하고, 알루미늄 프레임으로 된 배낭 형태의 튼튼한 아기띠는 더 큰 아기에게 적합하다. 고개를 가누지 못하는 갓난아기를 위해 아기의 머리 위에 빳빳한 패드가 덧대어진 것도 있다. 아기띠를 고를 때는 아기뿐만 아니라 엄마에게도 편리한지 고려해서 선택한다. 엄마와 아빠 모두에게 맞게 조절이 가능한지도 확인한다.

아기띠를 사용할 때는 특히 안전에 주의해야 한다. 아기를 태우기 전에 엄마 몸에 먼저 착용하고, 안전하게 조여졌는지 확인한다. 마찬가지로 아기띠를 벗기 전에는 먼저 아기를 안전한 곳으로 옮겨 놓아야 한다.

아기띠 구입 전 체크리스트	
다양한 기능을 갖춘 제품인 경우 그 기능이 나에게 꼭 필요한지 따져본다.	✓
아기의 다리가 M자로 편안하게 벌어지는지 확인한다.	✓
장시간 사용에도 아기나 엄마가 편안한 착용감을 느낄 만큼 허리벨트나 어깨띠가 넓고 탄탄한지 확인한다.	✓

5개월 이후부터 유용한 힙시트

아기를 앉힐 수 있는 단단한 엉덩이 받침대가 있는 힙색형 아기띠를 힙시트라고 한다. 엉덩이를 걸칠 수 있는 시트 덕분에 무게 분산이 잘 되어 좀 더 편안하게 이동할 수 있는 것이 특징이다.

요즘은 힙시트에 아기를 고정시킬 수 있는 캐리어를 부착한 힙시트형 캐리어가 큰 인기를 얻고 있다. 힙시트는 생후 5개월 이후 호기심이 왕성해지는 시기에 엄마와 같은 시선으로 세상을 바라볼 수 있어 좋다. 하지만 반드시 한 손으로는 아기를 잡고 있어야 하므로 잠깐 안아줄 때만 사용하고, 외출을 할 때는 힙시트형 캐리어를 사용하는 것이 안전하다.

활용도 높은 캐리어형 아기띠

캐리어형 아기띠는 엄마와 아기와 밀착되고 보호자의 양손이 자유롭기 때문에 여러모로 유용하다. 안정감이 있어 아기를 재울 때도 편리하다. 3개월부터 36개월까지 두루 쓸 수 있다는 것도 장점이다. 최근에 나온 캐리어형 아기띠는 아기가 앞이나 옆, 뒤까지 볼 수 있게 되어있다.

첫째, 아기에게 편한가

유모차를 고를 때는 울퉁불퉁한 길에서 오는 충격을 흡수하는 기능인 서스펜션 기능이 있는지 확인해야 한다. 또한 아기의 체형에 맞게 발판이나 등받이 등을 조절할 수 있는지도 확인한다.

둘째, 아기에게 안전한가

유모차에는 제어장치가 있는데 제어장치가 튼튼한지 반드시 확인해야 한다. 또한 안전벨트도 잘 풀리지 않아야 한다.

셋째, 운전이 쉬운가

아기를 태운 유모차를 운전하는 것은 생각만큼 쉽지 않다. 핸들링이 편하지 않다면 어깨나 손목 등이 아플 수도 있으므로 핸들링이 편한 유모차를 고른다.

아기 잠재우기

갓 태어난 아기는 거의 하루 종일 잠만 잔다. 생후 1개월 동안 하루의 수면시간은 16~19시간 정도로 젖을 먹는 시간을 제외하고는 거의 잠을 잔다. 잠자는 시간은 점점 줄어들어 1개월이 지나면 16시간 이하가 되고, 3개월 무렵에는 수면리듬이 생겨서 밤에 푹 자고 낮에 깨어있는 시간이 길어진다.

신생아는 밤낮을 구별하지 못하고 하루 종일 잠만 잔다. 배가 고프면 깨고 나머지 시간은 잠을 자는데, 잠에서 깨는 시간은 2~4시간 간격이다. 아기의 수면은 잠깐 자다가 깨고 다시 또 조금 자고 깨기를 반복하는 경우가 많으며, 수면의 주기로는 '렘수면'의 비중이 높다. 이 경우 몸은 자고 있지만 뇌는 깨어 있는 상태이기 때문에 가벼운 외부 자극에도 쉽게 깨어 울곤 한다. 자다가 손이나 발이 깜짝 놀라는 것처럼 보이기도 하며, 자면서 웃거나 가볍게 움직이기도 한다.

알게 자며 자주 깨는 이런 수면패턴은 시간이 지나면서 점점 바뀌어 3개월이 지나면 밤과 낮의 구별이 생기고 6개월이 지나면 중간에 깨는 일 없이 밤에 오랫동안 잔다. 아기가 전에 비해 자주 먹지 않아도 되는 데다 수면리듬이 자리를 잡았기 때문이다.

간혹 이 시기에 수면습관이 잘못 들어 밤낮이 바뀌기도 한다. 이럴 때는 낮잠을 조금만 재우고 낮에 충분히 놀게 하는 것이 좋다. 잠자기 전에 따뜻한 물에 목욕을 시키고 조용한 환경을 만들어주는 것도 효과적이다. 이렇게 신경을 쓰면 아기는 곧 정상적인 수면리듬을 찾게 된다.

하지만 6개월이 지나서도 수면리듬이 자리 잡지 않고 한밤중에 깨는 일이 많다면 아기가 잠에서 깨는 원인을 파악해보자. 아기는 흔히 배가 고프거나 기저귀가 젖었거나 하루의 사이클이 바뀌거나 했을 때 한밤중에 깨기 쉬운데 이러한 원인을 없애면 된다.

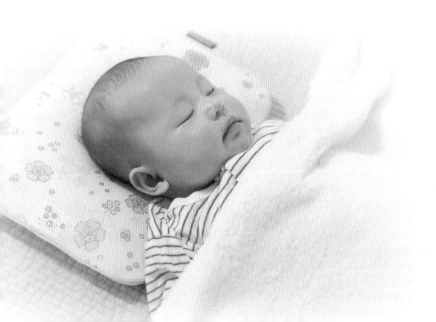

- 낮 동안 지속적으로 자극을 주고, 밤에는 활동을 덜 하게 한다.
- 시간을 정해놓고 일정한 시간에 잠을 재운다.
- 자기 전에 목욕을 시킨다. 잠들기 전 따뜻한 물에 목욕을 시키고 나면 아기가 개운한 상태로 푹 잠들 수 있다.
- 젖을 먹여 재운다. 젖을 먹인 뒤에 재우면 아기는 젖을 먹는 것이 잠자기 전 단계라고 인식하기 시작한다.
- 아기를 안고 흔들어 재운다. 아기는 아기 침대에 혼자 있는 것보다 부모의 품에 안겼을 때 더 안전함을 느껴 잘 잔다.

- 아기가 잠투정이 심하거나 잠들기까지 뒤척인다면 토닥토닥 두드려주는 것도 도움을 된다.

낮 수면 습관을 밤 수면으로 바꾸기

아기는 밤과 낮을 구별하는 체내기능이 없기 때문에 저녁보다 낮에 더 많이 자기도 한다. 인내심을 갖고 다음을 실천하면 밤낮이 바뀐 수면습관을 바꾸어줄 수 있다.

- 낮과 밤의 분위기를 확실하게 구분해준다. 낮에는 커튼을 열어 집안을 밝게 하고 음악과 움직임으로 활동적인 분위기를 만든다. 밤에는 조명을 낮추고 집 안을 조용하고 차분하게 만든다.
- 밤에 꼭 기저귀를 갈거나 옷을 갈아 입혀야 할 때는 빠르고 조용히 하고, 되도록 아기에게 말을 걸지 않는다.
- 아기가 늦은 오후나 이른 저녁 시간에 오래 자면 아기를 깨워 젖을 먹이고 즐겁게 놀아주면서 깨어있게 한다. 아기의 긴 수면 시간이 밤으로 자연스럽게 옮겨갈 것이다.

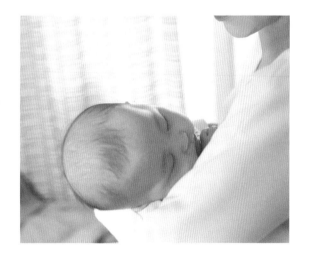

Doctor's Advice
혼자 재울 때는 영아돌연사 증후군을 조심하세요

아기가 잠을 잘 때는 위험 요소를 제거해서 아기를 보호할 수 있도록 조치를 취해야 한다. 침대가 편안하고 안전한지, 영아돌연사증후군의 위험은 없는지 확인한다. 생후 6개월 이전까지는 엄마 침대에서 재우는 것도 좋다. 엄마 침대에 재울 때는 엄마와의 거리를 넉넉히 두어야 안전하다. 위치는 침대 안쪽 안전한 곳에 눕힌다.
엄마가 집안일을 하느라고 아기와 붙어 있지 않을 때는 자주 들여다보면서 확인하는 것이 좋다. 요람이나 흔들침대 같은 데 눕히면 엄마가 있는 곳으로 이동이 가능해서 아기가 잠자는 모습을 지켜보며 일을 할 수 있다.

우는 아기 달래기

아기는 우는 것으로 자신의 요구를 표현한다. 기저귀가 젖거나 더러워졌을 때, 배가 고플 때, 너무 덥거나 너무 추울 때, 피곤할 때, 애정이 필요할 때, 몸이 아플 때 운다. 우는 이유가 다르면 울음소리도 다르다. 아기가 울면 울음소리의 뜻을 잘 파악해서 즉시 대처하도록 한다.

아기의 울음에는 이유가 있다

신생아는 태어나서 몇 주 동안은 우는 것이 유일한 표현 수단이다. 흔히 배가 고파서 울지만, 불편하거나 외롭거나 지루할 때도 우는 경우가 있다.

아기가 울면 엄마는 아기가 왜 우는지 빨리 이해하고 대처해야 한다. 아기를 키워본 경험이 있는 사람이라면 아기가 우는 이유를 금방 알 수 있지만, 초보 엄마는 아기가 울면 당황해서 서둘러 진정시키려다 오히려 아기를 더 울리는 경우도 많다. 배가 고파 우는 줄 알고 무조건 젖을 먹이려다 오히려 토하게 하는 수도 있다.

갓난아기의 울음에는 빠르게 반응하는 것이 매우 중요하다. 오래 울리면 울릴수록 아기는 더욱 괴로워한다. 그렇게 되면 울음의 원인을 파악하기가 더 힘들어진다. 울 때 무시당한 경험이 많은 아기는 성장하면서 무관심한 사람이 되기 쉽다. 아기가 울 때는 일단 보호자가 곁에 있다는 것을 알려 아기를 진정시키고 안심시킨다.

아기가 울면 원인을 살펴본다

아기의 울음에는 반드시 이유가 있다. 차분히 아기를 살펴보면 원인을 찾을 수 있다. 아기가 울면 기저귀가 젖은 것은 아닌지 살펴보고, 괜찮다면 배가 고파 우는 것은 아닌지 수유시간을 확인한다. 다 괜찮은데도 아기가 계속 운다면 혹시 어디가 아픈 것은 아닌지 주의해서 관찰하도록 한다.

배가 고플 때

갓난아기는 배가 고프면 울음으로 표현한다. 배가 고파서 울 때는 숨을 크게 쉬었다가 잠깐 멈췄다가 하면서 일정한 패턴으로 운다. 이럴 때는 아기에게 얼른 젖을 먹이거나 분유를 타주면 울음을 그친다.

기저귀가 젖었을 때

배변을 해서 기저귀가 축축하거나 불편할 때는 칭얼거리듯 우는 것이 특징이다. 기저귀가 더러워졌다면 얼른 새 기저귀로 갈아주고 수유시간이 다 되었다면 기저귀를 갈아준 뒤 젖을 먹인다. 아기는 금세 기분이 좋아진다.

졸릴 때

졸린데 잠을 이룰 수가 없을 때는 칭얼거리며 화난 듯이 운다. 이럴 때는 아기를 안고 조금씩 흔들어주면 좋다. 자장가를 불러주거나 조용한 음악을 틀어주는 것도 좋다. 아기를 뉜 채 등을 쓸어주거나 토닥거리면 기분 좋게 잠이 든다.

아플 때

아프거나 크게 놀랐을 때는 다른 울음과 쉽게 구별된다. 울음소리가 크고 날카로우며 숨이 넘어갈 듯 자지러지게 운다. 이때는 다정하게 안고 진정시켜주는 것이 좋다. 30분 이상 발작적으로 계속 운다면 병원에 데리고 가는 것이 좋다.

너무 덥거나 너무 추울 때

아기는 체온이 오르거나 내려가도 엄마에게 알릴 수 있는 경고 시스템이 없으므로 아기의 옷 입은 상태를 확인하고 옷을 조절해 입힌다. 아기가 너무 덥지 않은지 알기 위해 외부 신호도 세심하게 살펴본다. 아기의 피부가 빨갛거나 축축하지 않은지 수시로 확인하고, 옷을 너무 두껍게 입히지 않도록 주의한다.

지루할 때

배가 고프거나 아픈 것도 아닌데 이유 없이 우는 경우가 있다. 이것은 엄마에게 안아달라는 것이다. 이럴 때 엄마가 다정하게 안고 잘 얼러주면 울음을 뚝 그치고 언제 그랬냐는 듯 좋아한다.

떼쓰는 아기, 이렇게 대처한다

아기는 원하는 것이 이루어지지 않으면 불만족을 느끼고, 이런 불만이 떼쓰기의 형태로 나타난다. 떼쓰기는 보통 생후 10~12개월 사이에 나타나서 아기에 따라 몇 년 지속되기도 한다. 떼쓰기는 울거나 보채고, 잡고 싶은 물체 쪽으로 팔을 뻗기도 하며, 발차기를 하거나, 주먹을 휘두르거나, 팔을 마구 흔들거나 하는 모습으로 나타난다. 아기의 떼쓰기는 초기에 관리하는 것이 엄마와 아기 모두에게 좋다. 다음의 방법을 활용하면 효과적이다.

- 생후 1년이 될 무렵이면 "안 돼"라는 말을 알아듣도록 가르친다. "안 돼"라는 말을 쓰되, "안 돼, 만지지 마, 뜨거워!" 또는 "먹지 마, 그건 벌레야."처럼 중요한 내용을 이야기한다.
- 되도록 많이 설명해준다. 칼을 가지고 놀거나 뜨거운 전열기를 만지는 것이 왜 안 되는지 말로 설명해주면, 아기는 이해할 수 있다. 설명을 해주면 아기가 되는 것과 안 되는 것을 구분하는 데 도움이 된다.
- 아기가 울거나 보챌 때 엄마가 감정적으로 반응하면 떼쓰기가 더 심해진다. 이는 떼쓰기로 엄마의 반응을 얻어낼 수 있다고 아기에게 가르치는 것과 같다. 아기가 안전한 상황에 있다면 울거나 보채도 반응하지 않는 것이 좋다.
- 긍정적인 반응으로 아기의 행동을 유도한다. 아기가 착한 행동을 하면 칭찬해준다. 스스로 장난감을 치우면 박수를 치고 미소를 지어준다.
- 인내심을 갖는다. 이러한 과정은 일종의 단계일 뿐이며, 이 단계는 지나간다는 것을 명심한다.

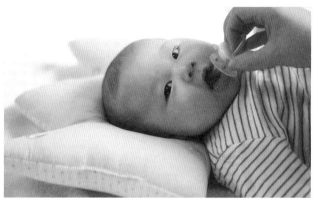

고무젖꼭지 물리기

칭얼대는 아기들은 뭔가를 빨면서 안정을 찾는다. 잠시 동안 고무젖꼭지를 물리면 아기를 달랠 수 있다. 하지만 고무젖꼭지는 사랑과 관심의 대용물이 될 수 없다. 스트레스를 받을 때나 잠자기 전에만 사용하는 것으로 용도를 제한한다.

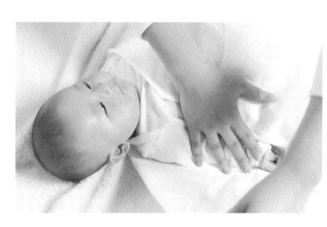

배앓이 가라앉히기

배고픔이나 다른 일상적인 요구들과 관계없이 아기가 계속해서 울 때가 있다. 특별한 원인 없이 우는 경우 배앓이일 가능성이 많다. 배앓이를 할 때 아기들은 갑자기 무릎을 구부리고 주먹을 꽉 쥐며 악을 쓰기 시작한다. 아기가 배앓이를 하는 것 같다면 부드럽게 배를 주무르며 마사지해주는 것이 좋다. 배앓이는 생후 2~4주에 잠깐잠깐 우는 것으로 시작되며, 지속 시간이 길어지고 강도도 세진다면 의사에게 보이도록 한다.

Doctor's Advice
분리불안, 이렇게 대처하세요

아기가 엄마 얼굴을 알아보기 시작하면서 엄마가 없어졌을 때 불안을 느낄 수 있다. 이것을 분리불안이라고 한다. 이런 감정 상태는 보통 생후 8~10개월일 때 나타난다. 엄마가 단 5분이라도 시야에서 사라지면 아기는 울음을 터뜨린다. 한밤중에 깨서 엄마를 찾기도 한다.

분리불안에 대처하기 위해서는 몇 가지 방법 활용해본다. 우선 아기가 불안해하면 곧바로 달려가 달래준다. 낯선 사람에게 낯을 가린다면 아기에게 천천히 다가갈 수 있도록 하고, 새로운 장소나 환경에도 천천히 적응시킨다. 아기가 스스로 안정을 찾을 수 있게 곰돌이 인형 같은 이행 대상을 안겨주는 것도 바람직하다.

아기의 신호 이해하기

아직 말을 하지 못 하는 아기들은 끊임없이 엄마에게 몸짓으로 신호를 보낸다. 아기는 엄마에게 자신의 상태를 알릴 방법이 없기 때문에 신생아일수록 엄마가 잘 관찰해서 대처해야 한다. 아기가 보내는 다양한 신호에 바로바로 대응을 해줘야 아기는 안정감을 느끼고 성격도 좋아진다.

아기가 소변과 대변을 너무 자주 봐요

신생아의 소변과 대변 횟수는 모유를 먹느냐 분유를 먹느냐에 따라 다르다. 모유를 먹는 아기는 하루 6번에서 8번, 또는 그 이상으로 대변을 볼 수 있다. 변의 상태는 묽고 몽글몽글한 덩어리가 섞여 있으며, 색깔은 누렇거나 가끔 녹색빛을 띠기도 한다. 변이 묽게 나와 간혹 설사하는 것으로 잘못 생각할 수도 있는데, 묽은 변은 모유를 먹는 아기의 정상적인 변이므로 걱정하지 않아도 된다.

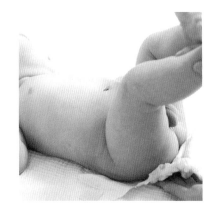

　하지만 덩어리가 없는 물 같은 변을 10회 이상 보며, 아기가 처지고 기운이 없어 보이는 경우 의사의 진찰을 받는 것이 좋다.

고무젖꼭지가 없으면 울어요

아기들은 무의식적으로 빨기를 좋아한다. 무엇이든 입에 가져가 빨기부터 하며, 빨 물건이 없으면 자신의 손을 빨기도 한다. 이때 손을 빠는 것보다는 고무젖꼭지를 빨게 하는 것이 손가락 피부 보호를 위해서 좋다.

　젖을 빨면서 잠이 드는 버릇이 있는 아기에게는 고무젖꼭지를 물려주고, 잠이 들면 살짝 빼준다. 너무 오래 고무젖꼭지를 빨게 하면 구강 구조에 변형이 올 수 있으므로 필요할 때만 빨게 한다. 간혹 고무젖꼭지를 물리고 나서 젖 먹는 양이 줄었다고 이야기하는 사람도 있는데, 이 경우 체중을 규칙적으로 측정해 확인해보도록 한다.

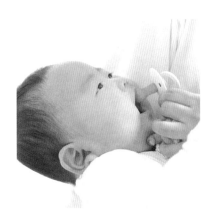

　아기들의 빨기 습관은 시간이 지나면서 차츰 사라지는데, 생후 4개월이 지나면서 긴장하거나 지루할 때 더 손가락을 빠는 아기도 있다. 이럴 때는 손에 딸랑이를 쥐어주거나 치발기를 쥐어줘서 관심을 옮겨가게 하는 것이 좋다.

옷 입는 걸 너무 싫어해요

옷을 입히려고 하면 우는 아기가 있다. 아기가 옷 입기를 싫어하는 이유는 옷 자체를 거부한다기보다는 불편함을 싫어하는 것이다. 불편함을 최소화하기 위해 아기의 옷은 최대한 쾌적하고 편한 것을 선택한다. 천이 부드럽고 고무줄 조임이 약하며 넉넉하고 편안한 것이 좋다.

아기에게 옷을 입히고 벗기기가 힘들다면 즐거운 놀이처럼 하는 것도 방법이다. 옷을 벗긴 상태에서 충분히 터치를 해줘서 아기를 즐겁게 한다. 아기의 양손을 잡고 번갈아가며 쭉 폈다가 다시 구부려주고 팔을 돌려주며 허벅지 등을 꾹꾹 눌러주는 등 마사지를 해준 뒤 옷을 입히면 아기도 흡족함을 느끼게 된다.

잠투정이 너무 심해요

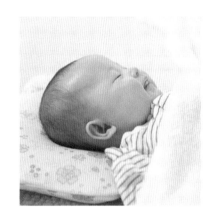

아기를 어깨나 허벅지에 대고 흔든다. 이렇게 하면 흥분을 잘하는 아기라도 쉽게 진정된다. 리듬 있게 토닥여주면서 동시에 흔들어주면 안정이 되기도 한다. 아기를 흔들침대나 요람에 앉혀두고 살살 흔들어주는 것도 좋다. 또는 엄마나 아빠가 팔에 아기를 안고 흔들의자에 앉아서 부드럽게 흔들어주면 아기가 잠투정 없이 잘 잔다.

엄마 목소리를 들려줘서 아기를 달래는 방법도 있다. 아기는 엄마 음성을 듣는 것을 정말 좋아한다. 엄마 음성에는 콧소리나 말소리, 노래도 포함된다. 아기를 가장 잘 진정시킬 수 있는 특정한 음색이나 음높이를 찾기 위해서는 몇 번 시험해보는 것이 좋다.

잔잔하고 부드러운 선율의 음악을 틀어줘도 좋고, 선풍기나 가전제품의 윙윙거리는 소리처럼 낮고 단조로운 소리가 깔리게 하는 것도 아기가 부드럽게 잠드는 데 도움이 된다.

아기가 하품, 딸꾹질, 재채기를 자주 해요

갓 태어난 아기들은 거의 하루 종일 잠을 자고, 깨어 있을 때도 하품을 자주 한다. 잠에서 깬 지 몇 시간 되고 하품을 하면 졸리다는 신호기 때문에 바로 재울 준비를 하도록 한다.

갓난아기는 딸꾹질도 많이 한다. 아기가 딸꾹질을 하는 것은 갑작스런 온도 변화 때문일 경우가 많다. 가만히 있던 아기가 갑자기 딸꾹질을 할 때는 소변을 봤을 확률이 높으므로 기저귀를 체크한다.

아기가 딸꾹질만큼 자주 하는 것이 재채기다. 아기들은 어른처럼 콧털이 발달되어있지 않기 때문에 먼지나 공기에 아주 예민하다. 주변에 먼지가 날리거나 공기가 차가우면 쉽게 재채기가 나온다. 코가 막힌 것 같다면 면봉에 식염수를 묻혀서 코에 넣고 살살 비벼주면 바로 재채기를 하면서 막혔던 코가 뚫린다.

CHAPTER 3

아기의 영양 관리

모유수유든 분유수유든 아기에게 먹는 것은 중요합니다. 모유수유는 아기와
엄마의 건강에도 좋고 여러 가지 장점이 많아요. 분유수유를 해야 한다면
모유의 장점을 대체할 수 있는 수유법을 연구하고, 분유 타기와 수유기구
관리 요령을 알아두세요. 이유식은 아기의 영양과 발육을 고려해 천천히
단계적으로 시작하는 것이 좋아요.

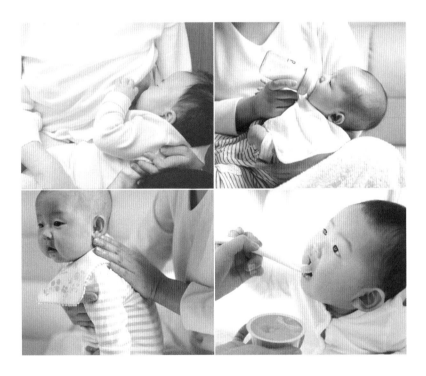

모유수유 하기

아기는 태어나자마자 젖을 빨 수 있는 본능과 기술을 타고난다. 하지만 엄마는 별도의 훈련이 필요하다. 무엇보다 모유수유에 성공하기 위해서는 엄마의 의지와 노력이 필요하다. 모유수유는 어떤 점이 좋고 어떻게 해야 하는지, 모유수유에 성공하기 위해서는 어떤 준비가 필요한지 알아보자.

엄마도 아기도 건강한 모유수유

모유는 아기가 태어나서 6개월 동안 성장하는 데 필요한 모든 영양소를 고루 함유하고 있다. 특히 분만 후 4~5일 간 엄마의 젖에서는 짙은 노란색의 진한 액체인 초유가 분비된다. 초유에는 강력한 면역체계를 갖추도록 하는 항체 외에 필수 단백질, 미네랄 등과 아기 몸을 보호하기 위한 필수 성분이 풍부하게 들어있다. 모유수유를 계속하지 못하더라도 초유는 반드시 먹이도록 한다.

모유는 아기가 요구할 때 바로 수유가 가능하고 적당한 온도를 유지하고 있어 편리하다. 뿐만 아니라 모유수유는 아기와 엄마 상호 간에 사랑과 친밀감을 길러준다.

모유수유를 하는 엄마는 분유수유를 하는 엄마보다 더 빨리 예전 몸매를 되찾는다. 모유의 생산을 활성화시키는 호르몬이 자궁 수축에도 관여하기 때문이다. 이 호르몬은 산모의 늘어난 복부가 출산 전의 크기로 줄어드는 것을 촉진시킨다.

수유는 제한하지 말고 원할 때 준다

모유수유가 좋다는 것은 알면서도 막상 모유수유를 하려고 하면 걱정이 앞선다. 모유수유를 하면 가슴이 작아지지 않을까, 젖이 부족하지는 않을까 고민을 한다. 하지만 모유는 지방 조직이 아니라 유방의 분비샘에서 생산되므로, 유방의 크기는 모유의 생산에 아무런 영향을 미치지 않는다. 또 아기의 신호를 잘 알아차리고 필요할 때마다 바로 먹이기만 한다면 엄마의 젖은 아기에게 필요한 영양분을 충족시킬 수 있을 만큼 충분한 양의 모유를 생산할 수 있다.

수유 간격은 시간을 정해놓고 제한하기보다는 아기가 원하는 대로 주는 것이 좋다. 항상 배부른 상태로 있는 것을 좋아하는 아기는 한두 시간마다 젖을 물리고, 그렇지 않은 아기는 원할 때 주면 된다.

모유 짜기

젖이 불거나 아기에게 직접 수유할 수 없는 상황이라면 젖을 짜내야 한다. 젖을 짜는 방법은 손으로 짜는 방법과 유축기를 사용해서 짜는 방법이 있다. 흡입의 원리로 작동하는 유축기는 유방에서 자동으로 젖을 짤 수 있게 해준다.

젖을 짤 때는 먼저 깨끗한 손으로 유방을 고루 마사지한 뒤 유두와 유륜을 중심으로 아래를 향해 부드럽게 어루만진다. 그런 다음 한 손으로 유방을 받치고 다른 손으로 유방을 위에서 눌러 리듬감 있게 움직여 쥐어짠다. 몇 차례 반복하면 젖이 나올 것이다.

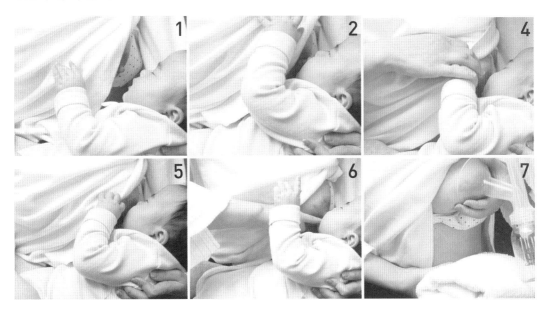

1 젖냄새를 맡게 한다

아기를 부드럽게 품에 안고 아기의 얼굴이 엄마의 가슴을 향하게 해서 젖냄새를 맡게 한다.

2 먹이 찾기 반사가 일어나게 한다

아기의 뺨을 손가락으로 건드리면 아기가 자극이 오는 쪽으로 고개를 돌리고 입을 벌려 젖 먹을 준비를 한다.

3 젖을 물린다

아기의 입을 크게 벌려 유륜을 완전히 덮도록 한다. 아기의 입이 엄마의 젖과 밀착되고 아랫입술은 바깥으로 젖혀진 모양이 되어야 한다.

4 아기를 엄마 쪽으로 당겨 안는다

아기가 젖을 물었으면 아기의 몸 전체를 엄마 몸쪽으로 오게 한다. 수유 자세에 따라 베개를 추가로 대어서 더 안정감 있게 받쳐준다.

5 수유를 시작한다

아기의 혀가 유두를 입천장 쪽으로 누른 상태로 혀와 턱을 사용해 젖을 잘 빨고 있는지 확인한다. 아기가 젖을 빨면, 삼키는 소리가 들린다.

6 실컷 먹인 뒤 젖을 뗀다

젖을 실컷 먹게 한 뒤 젖이 더 이상 나오지 않으면 손가락 하나를 아기의 입에 넣어 그만 빨게 한 뒤 가슴을 뺀다. 젖이 모자란 것 같으면 다른 쪽 젖을 물린다.

7 남은 젖을 짜낸다

아기가 젖을 다 먹었는데도 젖이 남아 있는 것 같다면 젖이 고이지 않도록 짜낸다.

모유수유를 할 때는 엄마가 낮은 의자에 똑바로 앉거나 가구에 등을 기대고 앉는 경우가 많다. 경우에 따라서는 침대에 누워 먹이는 것이 더 편리할 때가 있다. 아기가 한 가지 자세에만 집착하지 않도록 수유 초기부터 여러 자세를 취해본다. 자세를 이리저리 바꾸면 한쪽 유방만 지나치게 아픈 증세를 예방할 수 있다.

평행 자세
앉아서 수유를 하는 가장 일반적인 자세다. 아기를 엄마의 가슴과 평행이 되게 안고 한 손으로 머리와 허리를 받쳐준다.

풋볼 자세
엄마의 한쪽 팔 밑에 아기를 끼우고 아기의 다리는 엄마의 등 뒤에 고정되게 한다. 다른 손으로는 아기의 머리를 받친다.

나란히 누운 자세
엄마가 편하도록 쿠션을 충분히 받치고 기댄 후, 아기의 머리를 엄마의 팔꿈치 안에 위치시키고 아기의 입을 유두에 맞춘다.

모유수유 할 때 주의해야 할 엄마의 식사습관

모유의 성분은 엄마가 먹는 음식에 따라 달라진다. 엄마의 식단이 아기에게 그대로 전해지기 때문이다. 아기를 건강하게 키우기 위해 지켜야 할 모유수유 할 때의 식생활은 다음과 같다.

· 하루 섭취량을 평소보다 300∼500kcal 정도 늘린다.
· 균형 잡힌 식사를 한다. 통곡물과 과일, 채소, 유제품 등으로 단백질, 칼슘, 철분, 비타민과 미네랄 등의 영양소를 고루 섭취한다.
· 알코올이나 담배, 카페인을 피한다. 모유수유 중 흡연은 유아 돌연사증후군과 관계가 있다는 것이 밝혀졌다. 카페인은 수유 후 1회 적정량만큼만 마신다.
· 매운 음식은 아기의 장에 영향을 미쳐 설사를 일으킬 수 있으므로 피한다.
· 아기가 배앓이를 할 때는 가스를 발생시키는 음식을 피한다.
· 어떤 종류든 영양보충제나 조제약을 복용하기 전에 의사와 상담한다.
· 하루에 최소 2L의 물을 마신다.

2~3시간마다 먹인다

가능하면 규칙적으로 2~3시간마다 젖을 먹인다. 젖 먹을 시간이 지났는데 잠만 잔다면 깨워서 먹이도록 한다. 깨울 때는 기저귀를 갈아주고 몸을 살살 마사지하듯 주무른다. 그래도 깨지 않으면 아기를 안고 젖을 살짝 짜서 입에 적셔주면 입을 벌리고 젖을 빤다.

한쪽에 15분씩 30분간 수유한다

신생아의 모유수유는 한쪽 유방에 15분씩 총 30분 정도로 해서 하루에 8~12회 하는 것이 원칙이다. 이보다 적게 수유를 하면 젖 양이 늘지 않을 수 있다. 젖을 먹다가 금세 잠드는 아기는 귓불을 만져서 깨워가면서 먹인다.

젖을 바르게 물린다

아기의 입술이 완전히 젖혀져 K자 모양이 되도록 젖을 깊이 물린다. 이때 유두가 아닌 유륜까지 물려야 한다.

원할 때 젖을 준다

아기가 배가 고파 운다면 정해진 수유 시간까지 기다리지 말고 바로 젖을 준다. 모유는 분유보다 소화가 잘돼 한 시간 간격으로 젖을 먹이는 경우도 있다. 아기가 원할 때 원하는 시간만큼 충분히 젖을 물리는 것이 좋다.

유두 혼동을 막는다

젖을 먹던 아기가 우유병을 사용하게 되면 엄마 젖 빨기를 거부하는 경우가 있다. 이것을 유두 혼동이라고 한다. 유두 혼동은 대부분 생후 3~4주 이전에 일어나므로 그 전까지는 젖병이나 고무젖꼭지를 빨게 하지 않는다. 반대로 엄마 젖을 뗄 때 아기가 젖병을 빨지 않으려고 하는 것도 유두 혼동에 해당된다. 이때도 역시 훈련과 연습을 통해 자연스럽게 젖병을 빨게 해야 한다.

유방 기저부 마사지로 젖을 잘 돌게 한다

겨드랑이 밑에서부터 유방으로 혈액이 잘 유입되도록 유방 기저부 마사지로 젖을 잘 돌게 한다. 젖은 혈액으로 만들어지기 때문에 유방에도 혈액순환이 원활해야 젖이 잘 돈다. 간단한 방법으로 유방을 들었다가 툭 떨어뜨리거나 덜렁덜렁 흔들어도 된다.

젖몸살, 이렇게 풀어주세요

아기의 수유에 맞춰 엄마의 유방에는 미리 젖이 차게 되는데, 이로 인해 젖몸살이 생겨 불편할 수 있다. 젖몸살을 풀려면 아기에게 젖을 먹이거나, 냉찜질 또는 온찜질을 하거나, 유축기를 사용한다. 젖몸살을 풀기 위해 유축기를 사용할 때는 한 번에 30mL 이상 짜내지 않도록 한다. 많이 짜낼수록 모유가 더 많이 생긴다.

직장에 다니거나 아기를 두고 외출을 할 때 유축기로 젖을 짜서 젖병에 담아두었다가 아빠나 다른 보호자가 먹일 수도 있다.

분유수유 하기

모유수유를 할 수 없는 상황이라면 모유를 대체할 수 있는 분유수유를 한다. 분유를 물에 타서 젖병으로 수유하는데, 젖병을 이용한 수유는 엄마들에게 좀 더 편하고 쉬운 수유 방법이다. 수유 간격은 2~3개월 이전 신생아의 경우 2~3시간마다 먹이되 아기의 식욕에 따라 조절한다.

편안한 상태에서 아기와 눈을 맞추면서 먹인다

모유수유의 가장 큰 장점이 아기와 엄마 간 유대감이 높아진다는 것이다. 분유수유도 모유수유만큼 친밀감을 느끼게 할 수 있다. 수유를 할 때 살을 맞대고 아기와 눈을 맞추면서 먹이면 아기는 훨씬 안정감을 느낄 수 있다. 이때 아기가 엄마의 피부 감촉을 느낄 수 있도록 엄마는 반팔이나 목이 패인 옷 등을 입는 것이 좋다.

수유를 할 때는 휴대폰을 끄고 큰아이가 있다면 아이를 다른 방에 가있게 하는 등 주변의 방해 요소를 최소화한다. 잔잔한 음악을 틀어 엄마와 아기가 행복하면서도 편안한 상태를 만들어주는 것도 중요하다. 그런 다음 의자나 소파에 앉아서 여러 개의 쿠션으로 몸을 편하게 받친 뒤 아기를 품에 안고 우유를 먹인다.

분유는 모유보다 소화가 더디므로 모유만큼 자주 먹일 필요는 없다. 아기가 원할 때 먹이는데, 대부분의 갓난아기는 2시간마다 먹는다. 생후 1개월쯤 되면 3시간, 생후 2~3개월이면 4시간 간격으로 먹이면 된다. 아기가 자라면서 빠는 힘이 커지면 먹는 속도도 더 빨라진다. 아기의 개월 수와 빠는 힘에 맞춰 적당한 크기의 젖꼭지를 선택한다. 구멍이 너무 작아서 빨기 힘들지는 않은지, 너무 커서 줄줄 흐르지는 않는지 구멍의 크기를 주기적으로 확인한다.

분유는 매번 새로 타서 깨끗한 젖병에 담아 먹여야 한다. 전에 먹였던 젖병을 냉장고에 두었다가 다시 데워 먹이면 안 된다. 아기가 감염되는 것을 막기 위해 6개월 동안은 수유 도구를 매일 소독한다. 6개월이 지나면 세제와 물로 씻고 소독은 일주일에 한 번 해도 된다.

친밀감을 느끼게 하면서 수유하는 방법
분유수유를 하더라도 살을 맞대고 아기와 눈을 맞추며 먹이면 아기는 모유수유만큼이나 만족스러워하고 친밀감을 느낀다.

1 수유의 시작을 알린다

수유 동작을 취한 뒤 아기를 안고 볼을 어루만지면 아기는 반사적으로 입을 열고 엄마를 향해 고개를 돌린다. 젖을 빨 준비가 된 것이다.

2 젖병꼭지를 아기의 입에 물린다

젖병을 45도 정도로 기울여 공기방울이 생기지 않게 한다음 젖꼭지를 아기의 입에 넣는다. 아랫입술이 바깥으로 젖혀져서 젖꼭지를 제대로 문 것을 확인하면 젖병을 잡고 각도를 조절해 우유를 먹인다.

3 빨기를 멈추게 하고 젖병을 치운다

아기가 우유를 다 먹었거나 중간에 트림을 시키기 위해 젖병을 빼고 싶다면, 새끼손가락을 아기의 입 옆으로 넣어 빨기를 멈추게 한 뒤 슬며시 빼낸다.

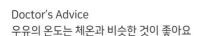

Doctor's Advice
우유의 온도는 체온과 비슷한 것이 좋아요

엄마들은 대개 우유를 모유와 비슷한 온도로 데우려고 한다. 하지만 아기는 우유가 덜 따뜻해도 크게 신경 쓰지 않는다. 차갑지만 않으면 된다. 뜨거운 것도 안 되고, 체온과 비슷한 36~37℃가 적당하다. 아기에게 젖병을 물리기 전 엄마의 손목 안쪽에 우유를 몇 방울 떨어뜨려 온도를 확인한다.

우유는 다른 어떤 식품보다 부패가 빠르다. 특히 따뜻한 온도에서 세균이 빠르게 증식하므로 상온에 한 시간 이상 방치된 우유는 먹이지 않는다. 젖병과 젖꼭지를 열소독해야 하는 것도 같은 이유다.

분유는 생후 6개월 이내의 아기에게 필요한 모든 종류의 비타민과 미네랄이 함유된 완전 식품이다. 팩이나 병에 담아 시판하는 액상분유도 있지만, 대부분의 아기들이 모유 대신 먹는 것이 분유라고 할 수 있다. 액상분유는 가격은 조금 비싸지만 밤중 수유를 하거나 여행 또는 외출을 할 때 잠깐씩 이용하면 편리하다.

　　가루분유나 액상분유를 구입할 때는 유통기한이 지나지 않았는지, 용기가 팽창되거나 찌그러지지 않았는지, 내용물이 새어나오거나 포장 용기가 변질된 흔적은 없는지 확인한다. 손상된 용기에 담긴 분유는 안전하지 않을 수 있다.

　　분유는 아기의 개월 수에 맞춰서 나오기 때문에 제조사에서 권장하는 양과 배합 비율을 그대로 따르는 것이 좋다. 생후 1개월 정도 되면 하루치 필요한 젖병만큼 준비해놓고, 먹다 남은 우유나 만들어서 냉장 보관했더라도 24시간 안에 먹이지 않은 우유는 아낌없이 버린다. 분유를 준비할 때는 손을 깨끗이 씻고 모든 도구를 위생적으로 관리해야 한다.

젖병수유, 안을까 눕힐까?

신생아기에는 아기를 안고 수유하는 것이 당연하다. 하지만 생후 5개월 이후 혼자서 젖병을 잡을 수 있는 힘이 있다면 눕혀놓고 스스로 젖병을 잡고 먹도록 하게 하기도 한다. 혼자 젖병을 잡고 잘 먹는 아기라도 우유를 먹는 것에 집중하지 않고 장난을 친다면 젖병을 잡아줘 정해진 시간 안에 우유를 다 먹는 습관을 들인다. 아기에게 중이염 증세가 있을 경우 눕히지 말고 반쯤 일으켜 젖병을 빨도록 해야 한다.

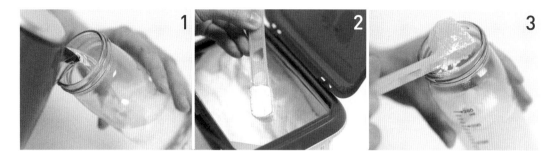

1 젖병에 끓인 물을 붓는다

생수나 정수기 물을 포트에 끓여서 체온 정도로 식혀서 젖병에 붓는다. 미네랄워터나 연수기 물은 무기염 농도가 높아서 아기에게 맞지 않을 수 있으므로 사용해선 인 된다.

2 분유를 계량한다

분유통 안에 든 계량스푼을 이용해 필요한 양만큼 분유를 떠낸다. 분유통에 대고 넘친 만큼 깎아낸다. 탁탁 쳐서 깎아내지 않는다.

3 분유를 물에 넣고 섞는다

분유를 권장량만큼 계량했는지 다시 한번 확인한 뒤 물이 담긴 젖병에 넣는다. 소독한 젖꼭지의 틀 부분을 잡고 젖병에 끼운 다음 돌려서 잠근다. 뚜껑을 씌운 후 물과 분유가 완전히 섞이도록 젖병을 세게 흔든다.

분유 계량법·보관법

분유를 숟가락으로 뜰 때 수북이 쌓아 올리거나 빽빽이 눌러 담아서는 안 된다. 한 숟가락을 더 넣거나 덜 넣어도 안 되며, 물의 양이 정확한지도 확인해야 한다. 분유가 너무 진하면 아기에게 탈수 현상이 일어날 수 있다. 반대로 너무 연하면 충분한 영양이 공급되지 않을 수 있다. 분유를 더 탈 때는 항상 정확한 비율에 맞추어 물과 분유를 더 넣어야 한다.

　분유를 보관할 때는 실온에 보관하는 것이 좋은데, 냉장고에 보관하면 습기가 차거나 냄새가 나고 변질된 우려가 있다. 사용 후에는 뚜껑을 꼭 닫아서 이물질이 들어가는 것을 막아줘야 한다.

Doctor's Advice
기능 이상일 경우 아기용 특수 분유를 처방받으세요

시판되는 모든 아기용 분유에는 단백질과 탄수화물, 지방, 비타민, 미네랄이 일정량 이상 함유되어있다. 아기가 미숙아이거나 기능에 이상이 있는 경우 일반 분유 대신 특수 분유를 처방받는다. 아기가 우유에 알레르기 반응을 일으키거나, 우유를 먹기만 하면 토하는 분유 역류 증상이 있는 경우에도 담당 의사나 전문가와 상담해 특수 분유를 처방받도록 한다.

젖병 세척 & 관리하기

분유수유를 할 때는 위생관리가 가장 중요하다. 우유는 세균이 번식하기가 쉬우므로 특별히 주의를 기울여야 한다. 그렇지 않으면 아기가 배탈이 나거나 신체발달 상 중요한 시기에 체중이 늘지 않을 수 있기 때문이다. 감염을 막기 위해 생후 6개월간은 수유 도구를 매일 소독하고, 젖병, 젖꼭지 등 모든 도구를 살균한다.

말끔히 세척한 뒤 가열 소독한다

젖병, 젖꼭지, 젖꼭지 틀, 젖병 뚜껑 등 수유에 필요한 모든 도구는 빈틈없이 청결하게 관리한다. 전용세제를 사용해 따뜻한 물로 말끔히 세척하고 비눗기 없이 깨끗이 헹군 다음, 팔팔 끓는 물이나 증기로 가열 소독한다. 가열 소독을 하면 젖병꼭지의 모양이 변하거나 구멍의 크기가 달라질 수 있으므로 자주 확인해야 한다.

신생아는 2시간마다 수유해야 하므로 적어도 8개 이상의 젖병이 필요하다. 넉넉히 갖춰두고 필요할 때마다 사용하도록 한다. 아기가 자라면서 수유 주기가 길어지면 젖병을 소독하는 주기도 길어져서 젖병의 개수가 줄어든다. 그렇더라도 모든 수유 도구는 계속해서 소독해야 한다.

외출할 때 우유 준비하기

외출할 때는 아기가 먹을 것을 우선적으로 챙긴다. 양은 예상보다 넉넉히 준비해야 혹시 늦어지더라도 아기가 배고파 우는 사태를 피할 수 있다. 끓인 물을 계량해 보온병에 담고, 분유를 미리 계량해서 덜어 담아두면 편리하다. 따뜻한 물과 분유를 따로 준비하는 것이 번거롭다면 액상분유를 몇 개 준비해 젖병에 담아 아기에게 먹인다.

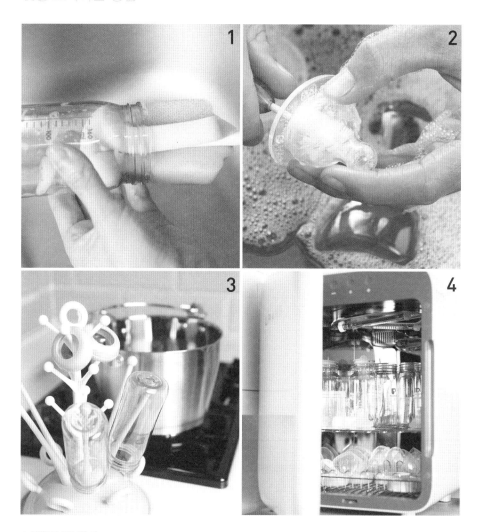

1 젖병을 세척한다

따뜻한 물에 전용세제를 풀어 젖병과 젖꼭지 틀을 담근다. 젖병용 솔을 이용해 우유가 굳어서 들러붙기 쉬운 젖병 입구와 젖꼭지 틀을 꼼꼼히 닦는다.

2 젖꼭지와 젖꼭지 틀을 세척한다

젖꼭지 틀에서 젖꼭지를 분리한 다음 젖꼭지 표면을 먼저 닦고, 젖꼭지 안쪽도 솔로 깨끗이 닦는다. 젖꼭지를 완전히 뒤집어 젖꼭지가 반대로 튀어나오게 해서 우유찌꺼기를 완전히 제거한다. 세척 후 비눗기가 남아 있지 않도록 찬물로 여러 번 헹군다.

3 끓는 물에 팔팔 끓인다

젖병 소독용 냄비에 젖병이 잠기도록 물을 충분히 붓고 젖병과 젖꼭지, 젖꼭지 틀. 젖병 뚜껑을 담가 100℃ 이상에서 5분간 팔팔 끓인 다음 꺼내서 식힌다. 고무젖꼭지는 늘어나기 쉬우므로 2~3분만 끓인 뒤 꺼낸다.

4 젖병소독기에 보관한다

요즘은 젖병소독기가 많이 나와 있다. 젖병소독기를 고를 때는 살균력이 좋고 건조와 환기가 잘 되는 제품으로 선택하는 것이 좋다.

PART 4

트림시키기

젖을 먹을 때 아기는 공기도 삼키게 된다. 공기 때문에 배에 가스가 차 불편하거나 구토를 할 수도 있다. 이런 증상은 규칙적으로 트림을 시켜주면 예방할 수 있다. 생후 몇 달간은 수유 중간이나 수유가 끝난 뒤 트림을 시킨다. 트림시키는 몇 가지 요령을 알아두고 아기가 편한 방법을 시도해본다.

모유수유를 하든 젖병수유를 하든, 아기는 우유를 먹으며 공기도 함께 삼킨다. 삼킨 공기는 아기의 배 속에 공기방울을 만들어 배가 빵빵해지고, 복부 팽만감으로 배가 아파 울기도 한다. 아기가 복부 팽만감을 느끼면 더 이상 먹지 않다가 금세 배가 고파 젖을 찾는다. 모유수유를 하는 아기들은 엄마의 유두에 완벽하게 밀착되어 젖을 빨기 때문에 젖병수유를 하는 아기들에 비해 공기를 덜 삼킨다. 그래서 모유를 먹는 아기들은 대체로 한쪽 젖을 먹고 난 뒤 트림을 한 번 시켜주면 된다.

하지만 젖병으로 먹는 아기들은 더 자주 트림을 시켜줘야 한다. 신생아는 20~30mL를 먹을 때마다 트림을 시키면 좋다. 그렇다고 아기가 먹는 걸 방해하면서까지 트림을 시킬 필요는 없다. 아기가 자연스럽게 멈출 때까지 기다린다.

수유는 엄마와 아기가 교감하는 특별한 시간

수유는 실제로 아기의 영양적 필요를 충족시켜주는 일이지만 정서적인 영양을 공급하는 일이기도 하다. 수유를 통해 아기는 긴장이 풀어지고 엄마는 아기에게 사랑을 전하면서 특별한 관계가 형성된다.

아기가 수유와 함께 공기를 마시는 것은 불완전한 자세로 젖을 빨기 때문인 경우가 많다. 수유할 때 엄마와 아기가 편한 자세를 취하고 안정감 있게 천천히 젖을 먹이면 공기를 덜 마시게 되어 가스가 덜 차게 된다.

턱받이로 옷을 보호한다

아기들은 보통 우유를 먹을 때나 먹고 나서 우유를 조금 뱉어 흘린다. 수유를 할 때는 아기에게 턱받이를 해줘서 아기의 옷이 더러워지지 않도록 한다. 이유식을 시작하기 전까지는 기본적인 타월 턱받이 하나만 있으면 된다.

다양한 자세로 트림시키는 요령

어깨 위에 안고 트림시키기

아기의 머리가 엄마의 어깨 위로 올라가도록 아기를 들어 올려서 엄마의 목과 반대 방향을 향하게 한다. 한 손으로 아기의 엉덩이를 받쳐주고 다른 한 손으로는 아기의 등을 부드럽게 문지르거나 톡톡 두드려준다.

무릎 위에 눕히고 트림시키기

아기의 배가 엄마의 한쪽 무릎 위에 놓이도록 엎어놓은 후, 가슴은 다른 쪽 무릎에 두거나 엄마의 팔로 받친다. 아기의 머리는 바깥쪽을 향하게 하고 입에는 아무런 방해물도 없어야 한다. 한쪽 손 또는 양손 모두를 사용해 아기의 등을 문지르거나 톡톡 두드려준다.

똑바로 앉혀서 트림시키기

아기를 가만히 일으켜서 엄마의 무릎에 앉힌다. 한 손으로 아기의 머리를 받치고, 다른 손으로는 아기의 어깨뼈를 부드럽게 문지르거나 톡톡 두드려준다.

Doctor's Advice
아기의 구토와 역류

아기들은 일반적으로 트림을 할 때 우유를 약간 토한다. 아기들은 특히 식도와 위 연결 부위가 느슨해서 역류하기 쉽다. 트림을 할 때마다 우유를 함께 토해내는 것이디. 이런 것은 정상적인 현상이므로 크게 걱정하지 않아도 된다.

하지만 미숙아를 포함하여 몇몇 아기들은 위에 있는 것까지 토해내기도 한다. 이 현상을 의학적으로 '역류'라고 하는데, 아기에게 우유를 먹인 후 20분 정도 똑바로 선 자세로 안고 있으면 도움이 된다. 역류는 아기가 자라면서 조금씩 줄어든다. 아기에게 별다른 문제가 없고 체중도 정상적으로 증가하고 있다면 걱정하지 않아도 된다.

이유식 먹이기

아기가 백일이 지나면 서서히 이유식을 시작하게 된다. 이유식은 젖 떼는 시기의 아기 식사로, 일반식에 적응하기 전 단계의 음식이다. 아기의 평생 식습관과 건강을 좌우한다는 점에서 아기 이유식은 매우 중요하다. 이유식 준비부터 영양 구성, 먹이기 요령까지 이유식에 관해 궁금한 것들을 모았다.

한 번에 한 가지씩 천천히 시작한다

아기가 태어나서 4~6개월이 지나면 더 이상 모유나 분유만으로는 필요한 영양을 모두 섭취하기 어렵다. 이유식은 부족한 영양을 보충하고 어른 음식에 적응하기 위해 먹기 시작하는 음식이다. 이유식을 먹는다는 것은 아기의 발육에 있어서 한 단계 커다란 발전을 이루는 것이다. 엄마는 아기의 건강을 생각해 좋은 재료를 다양하고도 안전하게 먹일 수 있도록 신경 써야 한다. 이유식 초기에는 3~4일에 한두 가지 정도의 음식만 맛보게 한다. 처음에는 한 번에 한 가지 음식만 줘가며 천천히 진행하는 것이 중요하다. 아기가 좋아하면 새로운 음식을 더 줘보기도 하고 다른 음식을 서로 섞어보기도 한다. 아기가 확실히 싫어하는 음식은 강제로 먹이지 말고 1~2주 정도 기다렸다가 다시 시도해본다.

숟가락과 그릇은 사용하기 전에 소독하고, 턱받이를 해줘서 아기의 옷을 보호한다. 숟가락으로 음식을 받아먹는 기술에 능숙해지기까지는 몇 주가 걸릴 수 있다.

이유식 시작하기

아기가 먹을 음식의 질감은 아기의 발달과 보조를 맞춰야 한다. 처음에는 물과 거의 같은 농도인 퓌레로 시작한다. 채소나 과일을 부드럽게 갈아 퓌레를 만들어서 두 숟가락 정도 먹인다. 이 시기, 채소나 과일은 새로운 맛을 경험하게 하기 위한 별식이다. 이유식을 시작했더라도 아기에게 필요한 대부분의 영양소는 여전히 우유를 통해 얻기 때문이다.

이유식 중기 단계에 들어가면 음식을 조금씩 되게 만든다. 이때부터는 식재료를 으깨거나, 다지거나, 잘게 썰어서 줘도 된다. 아기가 이유식에 잘 적응하면서 이유식의 양이 점점 늘어나면 우유로부터 얻는 영양분도 점차 줄어들게 된다.

이유식을 할 때 포인트는 여러 가지 음식을 다양하게 시도하되 천천히 먹이는 것이다. 한꺼번에 여러 음식을 섞어 주는 것은 미각이 발달되지 않은 아기에게 혼란만 가져온다. 한 가지 음식을 며칠 시도해봐서 거부 반응이 없는지 확인한 뒤 새로운 음식을 시도한다.

인스턴트 식품이나 식품첨가물이 들어간 음식, 맛과 양념이 강한 음식은 피하고 제철의 신선한 재료를 이용해서 이유식을 만들어준다.

숟가락으로 먹이기

이유식은 누워서 먹이지 말고 엄마의 무릎 위에 똑바른 자세로 앉혀서 먹인다. 생후 6개월이 지나 머리와 등을 가눈다면 유아용 의자에 앉혀서 먹이는 것이 좋다.

손잡이가 길고 탄탄해서 잘 부러지지 않는 이유식 숟가락으로 퓌레를 조금 떠서 아기의 입안으로 넣는다. 숟가락을 너무 깊숙이 넣으면 사레 들릴 수 있으므로 조심한다. 아기 입에 숟가락을 넣어주면 아기는 음식을 빨아먹는다. 아기가 숟가락에서 받아먹는 것에 익숙해지기 전까지는 음식이 입에서 도로 나올 수도 있다.

과즙망을 이용해 과일 먹이기

과일별로 아기가 먹을 수 있는 시기가 다르다. 과일에는 섬유질이 풍부해 너무 일찍 먹일 경우 아직 완전하지 않은 아기의 장에 무리를 줄 수 있다. 4개월부터 사과, 배, 바나나를 먹일 수 있고 차츰 수박, 멜론 등 물이 많은 과일을 먹이는 것이 가능해진다. 산도가 높은 포도, 귤, 오렌지, 파인애플 등은 10개월이 지나서 먹이는 것이 좋다. 처음 과일을 먹일 때 과즙망을 이용하면 덩어리가 목에 걸리는 일 없이 안전하게 먹일 수 있다.

발육 상태에 따른 이유식 진행표

	발육 상태	이유식 형태	이유식 횟수	1회 기준량	특징
초기 (4~6개월)	평균 몸무게 7~8kg	알갱이가 없는 미음 (10배죽)	1~2회 (모유 · 분유 4~5회)	30 ~50g	쌀미음으로 이유식을 시작한다. 아기가 쌀미음에 적응하면 채소를 한 가지씩 넣어 먹이고, 6개월 후에는 고기도 먹인다. 생후 4~5개월에는 하루 한 번, 6개월부터는 하루 두 번 이유식을 먹이면 된다.
중기 (7~9개월)	평균 몸무게 8~9kg	묽은 죽 (6배죽)	2~3회 (모유 · 분유 3~4회)	60 ~100g	초기 이유식보다 알갱이가 조금 보이는 묽은 죽으로, 5대 영양소가 골고루 들어가도록 만든다. 9개월 정도부터는 두부나 푸딩 정도의 굳기로 만든다. 손으로 집어 먹으려는 행동이 보이면 삶은 고구마, 바나나 등을 작게 썰어 줘 혼자 집어 먹을 수 있게 한다.
후기 (10~12개월)	평균 몸무게 9~10kg	진밥에 가까운 죽 (3배죽)	이유식 3회 (간식 1회, 모유 · 분유 2~3회)	100 ~120g	밥알이 보이는 상태의 죽. 식습관이 형성되는 시기이기 때문에 하루 세 번. 제자리에 앉아서 먹을 수 있도록 하고, 점점 혼자 먹는 연습을 시킨다. 아직은 이유식에 간을 하지 않기 때문에 어른 음식에 관심을 보이더라도 절대 주지 않는다.
완료기 (13~15개월)	평균 몸무게 10~11kg	진밥	이유식 3회 (간식 2회, 모유 · 분유 2~3회)	120 ~150g	엄마. 아빠와 같은 식탁에서 함께 먹는다. 다양한 재료를 작고 부드럽게 조리해서 한입에 먹을 수 있게 만든다. 구이. 볶음 등 조리법에 변화를 주고, 이유식 외에 영양이 풍부한 간식도 준비한다.

성장 단계에 맞게 먹인다

이유식은 2~3개월 단위로 체계적인 계획을 세워 진행한다. 초기에서 중기, 중기에서 후기로 넘어가면서 단계적으로 이유식의 굳기와 알갱이 크기를 늘려가고 재료의 범위도 넓혀간다. 이유식을 먹이는 횟수도 단계적으로 늘린다. 앞의 '발육 상태에 따른 이유식 진행표'를 참고하면 도움이 된다.

다양한 재료를 다양한 조리법으로 만들어준다

다양한 재료를 가지고 다양한 조리법으로 만들어주면 골고루 먹는 습관이 길러져 편식도 안 하고 몸도 건강해진다. 같은 재료라도 조리법에 따라 맛과 질감이 달라지기 때문에 아기에게는 새로운 경험이 된다.

맛과 촉감을 직접 경험하게 한다

아기들은 손가락을 사용해서 음식의 맛과 감촉까지 파악한다. 손과 눈의 동작을 일치시키는 능력도 이때 길러진다. 손가락으로 먹는 것이 좀 지저분해 보이더라도 아기는 소중한 것을 배우는 중이라는 것을 잊지 말자.

재료 자체가 지닌 맛을 살린다

이유식은 간을 하지 않는 것이 원칙이다. 초기와 중기에는 절대 간하지 말고, 후기부터 천연조미료를 만들어 조금씩 넣는다. 재료 자체가 지닌 맛을 살리고 식품의 배합으로 맛을 내는 것이 아기의 미각 발달에도 도움이 된다.

인내심을 갖고 서두르지 않는다

이유식을 먹이는 일이 쉬운 일은 아니다. 잘 안 먹기도 하고, 먹어도 조금 밖에 먹지 않아 남은 음식을 버리기도 일쑤다. 이유식 과정은 아기마다 개인차가 크다. 조금 늦게 시작할 수도 있고, 조금 덜 먹을 수도 있으니 걱정할 필요 없다. 인내심을 갖고 기다렸다가 다시 먹여보는 식으로 꾸준히 시도하면 결국 먹게 된다.

기분 좋은 상태에서 먹인다

이유식을 먹이기 전에 아기의 기분을 좋게 해주는 것도 중요하다. 기저귀가 젖어있지는 않은지 확인하고 산뜻한 기분을 만들어준다. 엄마가 웃는 얼굴로 맛있게 먹는 시늉을 해가며 즐거운 분위기를 만들어주면 아기도 기분 좋게 잘 먹을 수 있다.

일정한 시간에 정해진 곳에서 먹인다

아기는 이유식을 통해 식습관도 배우게 된다. 이유식 초기에는 엄마가 아기를 무릎에 앉혀놓고 정해진 장소에서 시간 맞춰 먹인다. 아기가 돌아다니기 시작하는 이유식 중기에는 유아 의자를 준비해 한자리에 앉아서 식사할 수 있도록 가르친다.

아기의 영양과 식습관

엄마가 주는 음식을 받아먹기만 하던 아기는 어느 순간 자기가 직접 손을 뻗어 먹으려고 한다. 음식을 손에 쥐고 뜯어먹거나 이유식 그릇에서 음식을 집어 입에 가져가기도 한다. 음식을 흘리고 옷에 묻혀 지저분해지더라도 발달의 한 과정이므로 바른 식습관이 형성되도록 도와주어야 한다.

일단 숟가락으로 음식을 받아먹는 것을 배우고 나면 아기는 자기 스스로 먹고 싶어 한다. 음식을 손에 쥐고 이제 막 자라나는 이빨로 뜯어먹거나, 손가락으로 그릇에서 음식을 집어 입에 넣는 행동을 즐기게 된다. 손과 눈의 동작을 일치시키는 능력이 향상되면서 플라스틱 빨대 컵으로 음료를 마실 수도 있다.

이 시기에는 무엇보다 식사를 즐겁게 하는 것이 중요하다. 식사시간이 재미있다면 아기는 먹는 것을 즐기고 음식에 대해 긍정적인 태도를 갖게 된다. 아기가 스스로 먹는 것에 성공하면 자신감이 생길 뿐 아니라 다른 가족 구성원과도 함께 식사를 할 수 있어 아기의 사회성을 촉진시키는 결과를 낳는다.

아기의 성장을 돕는 필수 음식 4가지

탄수화물 음식

훌륭한 에너지원이며, 탄수화물 음식을 통해 비타민, 미네랄, 섬유질을 섭취할 수 있다. 하지만 섬유질이 많은 음식을 아기에게 너무 자주 또는 많이 주지는 않는다. 소화하기가 힘들어 아기의 소화계를 자극할 수 있기 때문이다. 쌀밥, 고구마, 감자, 빵, 무설탕 시리얼, 파스타와 면류가 있다. 이들 음식을 번갈아 하루에 2~3가지 먹인다.

단백질 음식

단백질은 성장과 신체 재생에 필수적이다. 다양한 단백질 음식으로 필수 아미노산을 충분히 공급해주도록 한다. 생선(가시를 발라내고 살만 준비한다), 두부, 쇠고기, 돼지고기, 닭고기, 완숙 달걀, 아기용 치즈, 콩류, 요구르트가 있다. 이들 음식을 하루에 2~3가지 먹인다.

우유

우유는 단백질과 비타민, 미네랄이 풍부하고 특히 뼈와 이를 튼튼하게 하는 칼슘이 많다. 생후 6개월부터 우유를 음식에 사용해도 되지만, 한 살이 되기 전까지는 생우유를 주지 않는다. 저지방이나 무지방 우유는 아기에게 필요한 영양소가 부족할 수 있으므로 권장하지 않는다. 가능하면 두 살부터 먹이는 것이 좋다.

과일과 채소

비타민과 미네랄, 섬유질이 풍부한 과일과 채소는 아기의 식단에 꼭 필요한 이상적인 첫 음식이다. 다양한 종류의 신선한 농산물로 이유식을 시작하도록 한다. 사과, 딸기, 바나나, 당근, 망고, 브로콜리, 살구, 껍질콩, 복숭아와 천도복숭아, 완두콩, 멜론, 피망 등이 있다. 이중 하루에 2~3가지 이상 먹인다.

핑거 푸드

밥풀과자, 무염 크래커, 당근 스틱 데친 것, 큐브 치즈, 사과나 바나나 슬라이스, 작은 빵조각 등 손에 잡기 쉬운 것을 준다. 견과류나 씨앗이 있는 과일, 딱딱한 껍질이 있는 과일, 너무 작은 음식 조각은 아기의 목에 걸릴 수 있으므로 피한다.

플라스틱 빨대 컵

깨지지 않는 플라스틱 소재로, 바닥에 무게가 실려 잘 쓰러지지 않는 컵이 좋다. 뚜껑에 젖꼭지가 달려있거나 빨대, 또는 빨대 모양의 뚜껑이 탈부착식으로 붙어 있는 것, 양쪽으로 손잡이가 달려있는 것이 이유식용으로 적합하다. 우선 물이나 옅은 농도의 생과일주스를 컵에 담아 시작해본다.

아기용 플라스틱 숟가락

아기는 엄마가 들고 있던 숟가락을 뺏어서 자기가 먹으려고 하고, 숟가락 대신 손으로 먹으려고 하기도 한다. 이때는 아기에게 자기의 숟가락을 갖게 해준다. 아기가 갖고 노는 빈 숟가락 대신 음식을 올려놓은 숟가락을 아기 손에 쥐어 줘본다. 으깬 감자나 밥, 시리얼처럼 숟가락으로 뜨기 쉬운 음식으로 연습하면 좋다.

CHAPTER 4

아기 위생 관리

신생아는 먹이고 재우고 기저귀를 갈아주는 것이 돌보기의 거의 전부라고
해도 지나치지 않아요. 청결 때문만이 아니라 건강을 위해서도 아기의
위생관리에 신경 써야 합니다. 깨끗이 씻긴 뒤 쭉쭉 마사지를 해주면
신진대사가 촉진돼 성장에도 좋아요. 아기의 치아와 손발톱, 머리카락도 잘
관리해주세요.

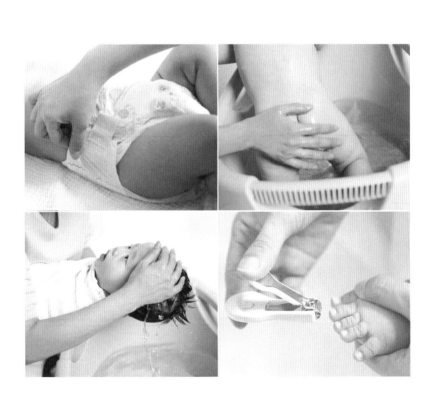

PART 1

기저귀 갈기

갓난아기는 생후 몇 주 동안 수도 없이 기저귀를 갈아줘야 한다. 아기는 대소변을 보고 나면 짜증을 내거나 울곤 하는데, 이럴 때 신속히 대처해야 아기도 쾌적하고 기저귀 발진을 예방할 수 있다. 기저귀를 갈아줄 때는 새 기저귀 외에 물티슈나 크림, 젖은 기저귀를 처리할 통 등 필요한 모든 것을 옆에 준비해둔다.

아기에게서 좋지 않은 냄새가 나거나 특별한 이유 없이 우는 것은 기저귀를 갈 때가 되었기 때문이다. 손가락을 넣어 봐서 기저귀가 젖었는지 확인한다. 차츰 경험이 쌓이면 기저귀를 만져서 무거워진 느낌이 있는지만 확인해도 기저귀 상태를 알 수 있다.

젖은 기저귀를 그대로 방치하면 앞으로의 배변훈련에 지장을 줄 수 있을 뿐만 아니라 소변 속의 암모니아 때문에 기저귀 발진이 생길 수 있다. 기저귀 발진을 예방하려면 기저귀를 자주 갈아주고 물로 엉덩이를 깨끗하게 자주 씻어준다. 씻은 뒤에는 물기가 남지 않게 통풍으로 말려준다. 소음이 적은 헤어드라이어의 바람으로 말려도 된다.

베이비파우더로 보송보송하게 하는 방법도 있지만 대부분의 의사들은 말리기 위한 방법으로 베이비파우더를 사용하는 것을 추천하지 않는다. 아기가 베이비파우더를 많이 들이마시면 호흡기에 문제가 생길 수 있기 때문이다. 베이비 파우더를 사용할 경우에는 엄마 손에 묻혀서 부드럽게 문질러준다.

기저귀를 갈 때는 대소변이 묻은 기저귀를 벗기기 전에 필요한 모든 용품을 한 곳에 준비해둔다. 기저귀 용품 박스를 준비해두면 편리하다.

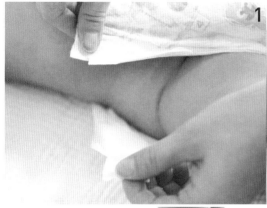

1 변을 봤는지 상태를 확인한다

기저귀 양옆의 끈끈이를 뜯어내고 기저귀 앞쪽을 내려 상태를 확인한다.

2 다리 올린 상태에서 기저귀로 변을 닦아준다

아기의 두 발을 한 손으로 잡고 다리를 들어 올려 변이 묻지 않도록 조심하면서. 기저귀의 깨끗한 쪽으로 엉덩이에 묻은 변을 1차로 닦는다.

3 물티슈로 깨끗이 닦아준다

물수건이나 물티슈로 엉덩이 주변을 깨끗이 닦아준다.

4 기저귀를 빼서 돌돌 말아 버린다

기저귀를 돌돌 말면서 아기의 엉덩이에서 뺀다. 변이 묻은 물티슈도 안에 넣고 함께 말아서 양쪽 끈끈이로 다시 붙여서 휴지통에 넣는다.

5 통풍으로 말린 뒤 기저귀를 채운다

잠시 그대로 두어 통풍으로 말려준 뒤 기저귀를 채운다.

기저귀 갈고 나면 이렇게 닦아주세요

아기 엄마들은 기저귀를 갈아줄 때마다 물로 씻어줘야 할지 물티슈로 닦아주기만 해도 될지 고민한다. 일반적으로는 소변은 물티슈로만 닦고 대변은 물로 씻어주게 되는데. 아기의 엉덩이에 기저귀 발진이 생겼다거나 아기가 예민한 스타일이라면 소변만 봐도 물로 씻어주는 것이 좋다. 세면대에 걸쳐놓고 씻을 수 있는 아기용 비데가 있으면 편리하다.

1 기저귀를 펼쳐 엉덩이 밑에 깐다

기저귀 매트나 요 위에 아기의 등을 대고 눕힌다. 한 손으로 아기의 양 발목을 잡아 다리를 들어 올리고 엉덩이 밑으로 펼친 기저귀를 슬며시 밀어 넣는다.

2 기저귀를 다리 사이로 끄집어내 올린다

아기의 발목을 내려놓고 기저귀의 앞면을 배 위로 끌어 올린다. 남자아기는 오줌이 위로 새지 않도록 성기를 아래로 향하게 한다.

3 옆면을 채운다

기저귀를 아기 배 위로 펼친 다음 뒷면의 양쪽 끈끈이를 가운데로 가져와 보호 비닐을 벗기고 접착 부분을 붙인다. 편안하게 채워졌는지 확인하고 전체적으로 매만져준다.

기저귀 갈 때, 이것만은 알아두세요

· 남자아기는 기저귀를 벗겨놓으면 시원해서 소변이 나오는 경우가 있다. 젖은 기저귀를 빼기 전에 새 기저귀를 밑에 먼저 펼쳐 놓고 젖은 기저귀를 빼는 것이 좋다.

· 배설물을 닦아줄 때 남자아기는 뒤에서 앞으로 닦고, 여자아기는 앞에서 뒤로 닦아준다. 여자아기는 앞에서 뒤로 닦아야 질 감염 위험이 적다.

· 기저귀를 채울 때 남자아기는 앞쪽에 더 여유를 두고 여자아기는 뒤쪽에 더 여유를 두어 채운다. 이렇게 하면 소변이 새지 않는다.

기저귀 | 기저귀를 예비용으로 넉넉히 넣어둔다. 6개월 이전까지는 하루 12~15장 정도의 기저귀가 필요하다.

휴지통 | 뚜껑이 달린 휴지통. 대소변이 묻은 기저귀나 옷을 휴지통에 넣어두었다가 세탁하거나 버린다.

물티슈 | 알코올 성분이 없는 유아용 저자극성 물티슈를 준비한다. 생후 1개월 동안은 물티슈보다는 물로 직접 씻기는 게 좋다.

따뜻한 물과 수건 | 작은 대야에 따뜻한 물을 담아둔다. 물기 닦을 수건도 필요하다.

크림·연고 | 피부를 보호하고 기저귀 발진을 진정시키는 크림과 연고.

여벌 옷 | 기저귀를 가는 도중에 소변을 볼 수도 있고 대변을 옷에 묻힐 수도 있다. 여벌 옷을 가까이에 준비해두고 미리 조심한다.

장난감 | 기저귀를 가는 동안 아기를 즐겁게 하는 데 사용한다.

헤어드라이어 | 아기 엉덩이를 빨리 말릴 수 있다.

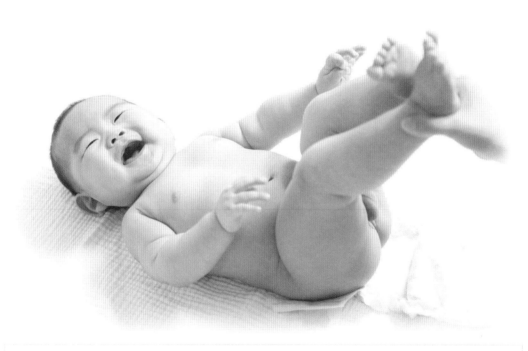

천 기저귀와 일회용 기저귀, 어떤 게 좋을까?

일회용 기저귀보다는 사용하기가 불편하지만 아기의 피부를 보호하고 환경을 지키기 위해 천 기저귀를 사용하는 사람들도 있다. 아기의 건강에는 천 기저귀나 일회용 기저귀나 별 차이가 없다. 각자의 필요와 환경에 맞게 선택하면 된다.

천 기저귀는 100% 순면으로 만들어졌기 때문에 그 자체로는 방수가 될 수 없다. 따라서 기저귀 커버를 이용하거나 비닐 팬티 같은 것을 입혀야 한다. 아기의 개월 수에 따라 소변량이 달라지므로 사용하는 크기와 모양이 달라진다.

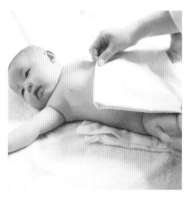

목욕시키기

원활한 신체기능을 위해 아기는 2~3일에 한 번씩 목욕을 시키는 것이 좋다. 탯줄이 떨어지기 전에는 수건을 적셔서 씻기고, 탯줄이 떨어지면 아기용 욕조에서 씻긴다. 목욕을 시킬 때는 보온에 신경 써서 아기가 감기에 걸리지 않게 한다. 목욕 준비에서부터 머리 감기기, 목욕시키기, 물기 닦기까지 알아보자.

잠들기 전의 일과로 목욕을 시키면 좋다

아기 목욕은 매일 시킬 필요는 없다. 배설물이 묻거나 토한 경우가 아니라면 2~3일에 한 번 목욕을 시켜도 충분하다. 아기가 목욕을 즐긴다면 매일 목욕을 시켜주는 것도 좋다. 땀이 많이 나는 아기라면 매일 목욕을 시킨다. 잠들기 전에 하는 일과 중 하나로 목욕을 시키는 것도 괜찮다. 목욕을 시키고 나서 젖을 먹이고 재우면 아기가 잠을 잘 잔다.

아기가 목을 가누고 스스로 앉기 전까지는 한 손으로 아기의 등과 어깨를 받치고 다른 손으로 씻겨야 한다. 이때 실수로 물에 빠뜨리거나 얼굴에 물이 튀지 않도록 조심한다. 목욕 순서는 깨끗한 부분부터 먼저 씻기고 가장 지저분한 엉덩이는 마지막에 씻긴다. 이렇게 하면 감염의 위험을 줄일 수 있다.

아기가 목욕하는 시간을 즐길 수 있도록 목욕하는 내내 웃으며 말을 걸어주면 좋다. 장난감을 준비해 갖고 놀게 하면 아기가 즐겁게 목욕할 수 있다.

목욕 준비하기

목욕을 시키기 전에 먼저 방의 온도를 올려놓고, 목욕을 할 때나 목욕 후 아기의 체온이 떨어지지 않도록 목욕물과 헹굼물, 수건, 옷, 기저귀 등을 미리 준비한다. 목욕을 시키다가 필요한 물건을 찾겠다고 아기를 혼자 두어서는 절대 안 된다. 준비를 잘 해두면 아기를 혼자 놔두거나 젖은 아기를 싸안고 필요한 물건을 찾아 돌아다닐 일이 없다.

목욕물은 뜨겁거나 차갑지 않고 체온 정도의 따뜻한 물로 준비한다. 목욕하는 동안 같은 온도가 유지되도록 뜨거운 물을 따로 받아두었다가 목욕물이 식으면 중간중간 부어준다. 목욕과 머리 감기를 함께 할 경우, 몸을 물에 적시기 전에 머리부터 감긴다. 물에 담그고 나서 머리를 감기면 체온이 떨어져서 감기에 걸리기 쉽기 때문이다.

장난감을 주면 즐겁게 목욕할 수 있다

아기가 목욕시간을 즐길 수 있도록 물에 뜨는 방수 장난감을 갖고 놀게 한다. 아기는 물건을 잡고 앉을 수 있게 되면 목욕할 때 장난감을 갖고 노는 것을 좋아한다. 목욕 장난감은 밝은 색을 띠며 잡기 쉬운 것이 좋다.

목욕물 온도 확인하기

물의 온도는 팔꿈치로 간단히 잰다. 팔꿈치를 담갔을 때 적당히 따뜻하면 된다. 팔꿈치 대신 온도계를 사용해도 되는데 이때 온도는 체온과 같은 36~37℃가 적당하다.

1 아기를 물에 담근다

아기를 벗기고 팔에 안은 채 한 손으로는 엉덩이를 받치고 다른 손으로는 어깨와 머리를 받친다. 아기를 놓치지 않도록 조심하면서 엉덩이를 물에 담근다.

2 몸통을 씻는다

아기의 어깨와 등 부분을 계속 받치면서 가슴과 배에 살살 물을 끼얹어가며 씻는다. 아기에게 웃으면서 말을 걸어 아기를 즐겁게 해준다.

3 등과 목을 닦는다

아기를 앉힌 다음. 엄마의 손으로 아기의 겨드랑이를 잡고 팔로 가슴을 받친다. 등과 목에 물을 끼얹으며 씻는다.

4 엉덩이를 씻는다

한 손으로 아기의 가슴을 계속 받치고, 어느 정도 아기의 다리로 지탱하게 하면서 몸을 조금 앞으로 기울인다. 등 아래쪽과 엉덩이를 씻는다. 팔에 힘이 풀려 아기의 얼굴이 물에 잠기지 않도록 주의한다.

5 욕조에서 꺼낸다

아기의 몸을 뒤로 젖혀서 욕조 바닥에 앉힌 다음. 처음 욕조에 담글 때처럼 한 손으로 아기의 머리와 어깨를 받치고 다른 손으로 엉덩이 아래쪽을 잡는다. 이 상태로 조심스럽게 욕조에서 꺼낸다.

물기 말리기

목욕을 시키고 나면 곧바로 부드럽고 따뜻한 면 타월을 준비해 아기를 감싼다. 모자가 달린 아기용 타월은 아기를 머리에서부터 자연스럽게 감싸줘 포근하고 아늑하다. 모자가 달린 것은 아니더라도 아기용 타월은 되도록 따로 준비하는 것이 좋다.

　아기가 목욕을 마치면 곧바로 타월로 감싸고 꼭 껴안아서 물기를 마르게 한다. 문지르지 말고 부드럽게 톡톡 두드리면 된다. 따뜻한 물에 목욕을 하고 나면 아기는 긴장이 풀린 상태가 될 것이다. 이때 아기에게 말을 걸고 노래를 불러줘서 아기가 어떻게 반응을 하는지 살펴보자. 목욕을 하고 물기를 닦으며 스킨십을 하는 과정은 아기에게 안정감을 주고 사랑을 받고 있다는 느낌을 느끼게 한다.

타월로 감싼 상태에서 옷을 입힌다

목욕을 하고 나면 서늘해지기 쉽다. 체온 유지를 위해 몸 전체를 계속 타월로 감싸둔 채로 옷을 입힌다. 먼저 옷을 머리 위로 끼운 다음, 한 팔을 빼서 옷을 입히고 다른 팔을 끼워준다. 윗옷을 입고 난 다음 타월을 걷어내고 하의를 입힌다.

머리 감기기

아기는 머리에 땀이 많이 나기 때문에 2~3일에 한 번은 머리를 감겨야 한다. 아기들은 머리를 감을 때 불안해서 우는 경우가 많다. 머리를 감길 때는 타월로 감싸서 보온을 유지하고 안전하게 보호되고 있다는 느낌을 갖게 하는 것이 중요하다. 아기의 컨디션이 좋지 않다면 물에 적신 스펀지로 닦아주면 된다.

안전하다는 느낌을 갖게 하는 것이 중요하다

하루 종일 베개에 머리를 대고 누워 지내는 아기는 머리에 땀이 많이 난다. 그냥 두면 쉰내가 나기도 하므로 2~3일에 한 번은 머리를 감겨줘야 한다. 특히 신생아는 피지 분비로 인해 두피에 지루성 피부염이 생기는 경우가 많다. 이때는 머리와 두피를 비누로 잘 씻겨서 땀이나 먼지를 제거해야 한다.

　아기들은 목욕하는 걸 좋아하는 경우는 있어도 머리 감는 걸 좋아하는 아기는 거의 없다. 엄마 손에 들어 올려진 채 불안정한 자세로 머리를 감는 게 여간 불편한 것이 아니기 때문이다. 아기 머리를 감길 때는 타월로 감싸 안아서 안전하게 보호되고 있다는 느낌을 갖게 하는 것이 중요하다. 아기를 타월로 감싸 안는 것은 체온을 유지하는 목적도 있다.

엄마도 아기도 편안한 머리 감기

아기가 안정감을 느끼면 한 손으로 아기의 머리를 받치고 다른 한 손으로 물을 살살 뿌려가면서 머리에 물을 묻힌다. 아기 얼굴에 물이 튀지 않도록 조심하면서 머리를 적시고 아기 샴푸로 감긴 다음 깨끗이 헹궈낸다. 다 감긴 뒤에는 타월이나 천으로 물기를 닦아준다. 아기가 욕조에 혼자 앉을 수 있을 만큼 자라면 아기용 샴푸 캡을 씌워서 머리를 감겨도 좋다.

　아기를 들어 올린 채로 머리 감기는 게 힘들다면 엄마가 욕조 끄트머리에 앉아서 허벅지에 아기를 편안하게 앉힌 다음, 아기를 반쯤 일으킨 자세로 머리를 감긴다. 이렇게 하면 몸이 완전히 젖혀지지 않아 아기가 불편해하지 않고 엄마도 편하다.

　아기가 어느 정도 자라기 전까지는 샴푸로 감기지 않아도 된다. 샴푸를 쓸 경우에는 자극이 없는 유아용 샴푸를 쓰도록 한다. 저자극성 유아용 샴푸라도 아기 눈에 들어가면 따가워서 울음을 터뜨린다. 아기 머리를 감길 때는 물이나 비눗물이 눈에 들어가지 않도록 조심한다. 아기는 얼굴이나 눈에 물이 닿는 것도 싫어하므로 세심한 주의가 필요하다.

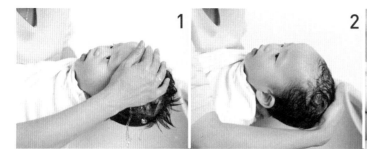

1 목욕물로 머리를 적신다

아기를 팔에 안아 고정시키고 다른 한 손으로 아기의 머리에 물을 살살 뿌려가면서 아기의 머리를 적신다.

2 비누로 감고 깨끗이 헹군다

지루성 피부염이 있거나 땀으로 많이 더러워졌다면 아기 비누나 아기용 샴푸를 사용해서 머리를 감긴다. 샴푸 후에는 물을 여러 번 끼얹어 비눗기를 말끔히 헹궈낸다.

3 물기를 말린다

타월로 아기의 머리를 감싸 부드럽게 눌러가며 물기를 말린다. 이때 타월이 얼굴을 가리지 않도록 타월의 모서리를 사용한다. 물기를 닦고 나면 부드러운 빗으로 조심스럽게 아기의 머리를 빗긴다.

아기가 정말로 머리 감는 것을 싫어한다면 억지로 감기지는 않는다. 굳이 욕조에 넣어 감기거나 물에 적셔 감길 필요는 없다. 이럴 때는 아기를 무릎에 앉히고 젖은 수건이나 스펀지로 닦아준다. 생후 2주까지는 가제 수건이나 스펀지를 물에 적셔서 아기의 머리를 닦아줘도 된다. 이렇게 하다가 컨디션이 좋을 때 다시 감기기를 시도해본다.

아기용 샴푸 캡

대부분의 아기들은 샴푸와 비눗물이 눈으로 들어가는 것을 아주 싫어한다. 실리콘으로 된 샴푸 캡은 머리에 부드럽게 밀착돼 비눗물이 아기의 눈에 들어가는 것을 막는다. 머리 감을 때 몸통을 뒤로 젖히지 않아도 되므로 아기가 편한 자세로 머리를 감을 수 있다.

신생아 씻기기

생후 10일 무렵 탯줄이 떨어지기 전까지는 물로 씻기지 않고 머리부터 발끝까지 살살 닦아주기만 해도 된다. 아기를 닦아줄 때는 탈지면을 물에 적셔 눈과 입 주변을 닦고, 손과 팔, 발과 다리, 몸통과 엉덩이 순으로 닦는다. 탯줄이 떨어지기 전까지는 감염되지 않도록 잘 소독하고 물에 젖지 않도록 주의한다.

탈지면을 물에 적셔 닦는다

갓난아기를 물에 담가 씻기기가 조심스럽다면 끓여서 식힌 물에 깨끗한 탈지면이나 가제 수건을 적셔서 닦아주기만 해도 된다. 탈지면으로 눈곱을 떼어내고 입 주위는 가제 수건을 적셔서 돌리듯이 닦아준다. 6개월 이전의 아기는 끓여서 따뜻할 정도로 식힌 물을 사용한다.

파우더나 비누는 아기의 예민한 피부를 건조하게 만들 수 있으므로 사용하지 않는다. 코나 귀 안쪽을 닦는 것도 피한다. 아기의 코나 귀의 내부 표면은 점막으로 되어있어 닦아주지 않아도 저절로 깨끗해진다.

생식기도 깨끗이 닦아준다. 특히 남자아기의 경우 생식기 주변을 덮고 있는 포피 사이에 소변과 이물질이 껴서 염증을 일으킬 위험이 있으므로 포피를 뒤집어 까서 닦아주는 것이 좋다. 여자아기 역시 생식기 주변에 묻은 소변을 꼼꼼히 닦아준다.

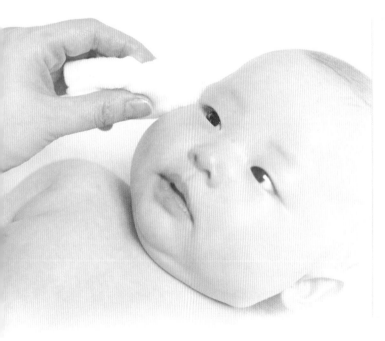

Doctor's Advice
포경수술 한 남자아기 관리하기

포경수술을 했다면 상처가 아물 때까지 목욕은 피하고, 하루 이틀간은 기저귀를 갈 때마다 새로 드레싱을 해준다. 드레싱을 할 때는 거즈에 바세린을 발라 피부에 들러붙지 않게 한다.

상처가 아물기까지는 7~10일 정도가 걸린다. 이때는 성기 끝의 살갗이 까져서 빨간 상태이며 노란 분비물이 나오기도 한다. 젖은 기저귀에 바로 닿으면 상처가 생길 수도 있으니 주의한다. 피가 계속해서 나거나, 붓거나, 열이 나거나, 고름이 찬 물집이 있다면 곧바로 의사에게 상담을 받는다.

아기가 태어나면 탯줄을 자르고 배에서 2cm 정도 지점을 집게로 집어놓는다. 이 부분은 신경이 없기 때문에 아프지는 않지만, 목욕을 시키다가 물이 들어가면 감염이 되기 쉬우므로 관리를 잘해야 한다. 탯줄이 떨어지기 전까지는 감염되지 않도록 잘 소독하고 물에 젖지 않도록 주의한다.

아기를 닦아줄 때는 탈지면을 적셔서 탯줄 밑동과 주변, 배꼽 틈을 부드럽고 조심스럽게 닦는다. 닦고 난 뒤에는 다른 탈지면으로 물기를 닦아 건조시킨다. 기저귀를 채울 때는 앞부분을 밑으로 내려 접어서 탯줄이 가려지지 않도록 한다.

탯줄은 시간이 지나면서 점점 쪼글쪼글해지고 검게 변한 뒤, 일주일에서 열흘 정도면 저절로 떨어진다. 탯줄이 떨어지고 난 뒤 약간의 배출물이 나오기도 한다. 상처가 완전히 아물 때까지 매일 배꼽을 닦고 완벽하게 건조시켜준다.

머리부터 발끝까지 닦아주기

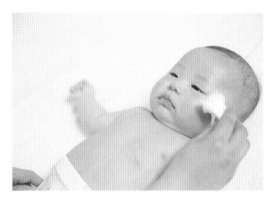

눈, 입, 귀

끓여서 식힌 물을 탈지면에 적셔서 눈 안쪽부터 바깥쪽까지 닦는다. 반대쪽을 닦을 때는 새 탈지면을 사용해 감염을 예방한다. 귀 주변 역시 새 탈지면으로 닦는다. 입 주위는 가제 수건을 적셔서 돌리듯이 닦아준다.

손, 손가락

새 탈지면으로 아기의 손을 닦는다. 손을 펴서 손톱이 뾰족하지 않은지, 먼지가 끼진 않았는지 확인한다.

발, 발가락

발등부터 발바닥까지 닦고 발가락 사이사이도 깨끗이 닦는다. 발이 단단히 오그라져 있는 경우 부드럽게 풀어준다.

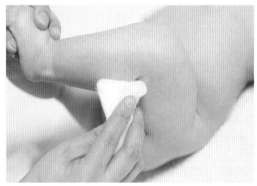

배, 다리

물에 적신 탈지면으로 배 주위를 닦고, 새 탈지면으로 접힌 가랑이 사이를 닦는다. 몸 바깥 방향으로 닦아서 생식기 부분이 감염되지 않도록 한다.

아기의 피부 관리

아기의 피부는 극도로 예민해서 특별히 조심해야 한다. 목욕을 한 뒤에는 잘 건조시키고 보습제로 피부를 보호한다. 아기의 목욕용품이나 피부관리 제품을 구입할 때는 아기 전용 제품을 선택한다. 향이 첨가된 것이나 합성 화학 약품이 들어간 것은 피부의 균형을 깨뜨릴 수 있으므로 피한다.

신생아에게 나타나기 쉬운 피부 질환

갓난아기에게는 지루성 피부염부터 신생아 여드름. 땀띠. 아토피 피부염 등 다양한 피부 질환이 생길 수 있다. 이러한 신생아 피부 질환을 태열이라고 통칭해 부르기도 하는데 그 의미가 다르게 사용되기도 하니 잘 알아두는 것이 좋다.

아토피 피부염

아토피 피부염은 대개 면역계의 이상. 알레르기 질환. 피부 장벽 기능의 이상 등이 원인이라고 알려져 있다. 생후 2~24개월에 나타나는 신생아 아토피는 양 볼이나 살이 접히는 팔꿈치 등에 붉은 반점과 심한 가려움증이 나타나는 것이 특징이다. 가려움증으로 아기가 피부를 긁게 되면 진물과 함께 딱지가 생기기도 하고 머리와 팔다리까지 습진이 번지기도 한다.

치료와 예방 건조하지 않도록 피부를 촉촉하게 유지시켜주는 것이 무엇보다 중요하다. 목욕과 세안 등을 자주 시켜 피부에 묻어 있는 자극성 물질. 땀. 항원. 세균 등을 씻어낸다. 심할 경우 아토피 전용 제품을 사용하고 가려움증을 치료하는 것이 좋다.

지루성 피부염

생후 2주에서 6개월에 흔하게 생기는 염증성 피부 질환으로 노란색의 기름기 있는 비듬이나 붉은 좁쌀 같은 것이 돋아나는 것을 말한다. 가려움증이 심하지는 않지만 피부에 딱지가 생기기도 한다. 보통은 시간이 지나면 자연스럽게 없어진다.

치료와 예방 아기의 피부를 청결하고 보송보송하게 유지시시켜주도록 노력한다.

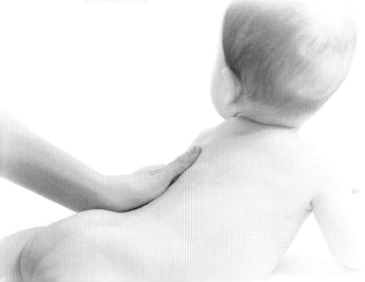

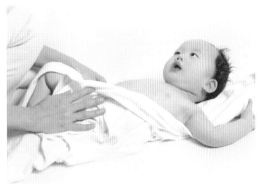

보습제를 자주 발라준다

보습 관리를 제대로 하지 않아 피부가 건조해지면 피부에 발생하는 만성 알레르기 염증성 질환인 아토피 피부염이 발생하기도 한다. 이를 예방하기 위해서는 꾸준히 보습제를 발라주고 아기 피부를 촉촉하게 유지하는 것이 좋다.

목욕하고 난 뒤가 중요

아기에게 적당한 목욕물 온도는 36~37℃다. 물을 받기 전에 욕실에 따뜻한 물을 틀어 수증기가 욕실 전체의 온도를 높이고 습도도 올라가게 한다. 목욕을 하고 난 뒤에는 빠르게 수분을 제거하고 3분 안에 보습크림을 발라준다.

실내 습도 유지

피부 보습을 위해 가습기를 틀어 습도를 조절해준다. 실내습도는 50~60% 정도가 적당한데 가습기를 깨끗하게 관리하는 것도 습도 조절만큼 중요하니 유의한다.

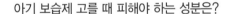

아기 보습제 고를 때 피해야 하는 성분은?

시중에 워낙 다양한 아기 보습제가 나와 있으니 성분을 꼼꼼히 따져볼 필요가 있다. 그중 피해야 하는 대표적인 성분은 파라벤이다. 파라벤은 시중에서 가장 많이 사용되는 보존제, 방부제의 원료로 미생물의 성장을 억제시키는 작용을 한다. 지속적으로 사용할 경우 피부염을 일으킬 가능성이 있으므로 사용하지 않는 것이 좋다. 이 밖에도 프로필렌글리콜과 트리클로산 등의 화학물질과 인공색소(타르색소)가 없는 제품을 고른다.

머리카락과 손발톱 관리

태어날 때부터 난 배냇머리는 생후 3개월 무렵이면 조금씩 빠지면서 새 머리카락이 난다. 머리카락이 빠질 때는 조심스럽게 닦아주고 빗겨주며 주변을 잘 정리해준다. 아기는 팔을 움직이다가 자신의 손톱으로 얼굴을 할퀼 수 있으므로 손톱을 짧게 잘라줘야 한다. 아기 손발톱은 목욕하고 난 뒤 정리해주면 좋다.

머리카락은 부드러운 빗으로 살살 빗긴다

어떤 아기는 머리카락이 다 자란 상태로 태어나기도 하고, 어떤 아기는 머리카락이 거의 없는 경우도 있다. 머리털이 많든 적든 갓난아기의 머리는 생후 3개월 무렵이면 다 빠진다. 머리가 빠지면 초보 엄마는 걱정을 하지만 배냇머리가 빠지는 것은 정상이다. 아기의 몸에 보송보송하게 난 솜털도 이 무렵 함께 빠진다.

갓난아기의 머리는 간단히 관리해준다. 스펀지나 가제 수건에 물을 묻혀 아기의 머리카락을 닦아주거나 머리를 감긴 뒤 짧고 부드러운 빗으로 살살 빗겨준다. 어른들이 쓰는 보통 빗은 아기의 두피를 자극할 수 있으므로 아기용 빗이나 굵은 솔을 이용한다. 머리를 조심스럽게 닦아주고 빗겨주면 머릿속에 지루성 피부염이 생기는 것을 막을 수 있다.

손발톱은 목욕 후 정리해준다

갓난아기의 손발톱은 늘 살펴보고 다듬어줘야 한다. 그래야 아기가 자기 얼굴이나 엄마를 할퀴는 것을 막을 수 있다. 아기가 어느 정도 자랄 때까지는 아기 전용 손톱깎이를 사용하는 것이 좋다.

아기의 손발톱을 관리하기 위한 가장 좋은 때는 목욕을 시키고 난 후다. 목욕 후 말랑말랑해진 상태에서 아기의 손톱과 발톱을 정리해준다. 아기가 손발톱 자르는 것을 싫어하면 잠들었을 때 잘라준다. 손톱깎이로 자를 때는 똑바로 잘라내고 끝을 고르게 정리한다. 아기의 손발톱은 연하기 때문에 손톱깎이로 깎는 대신 줄로 다듬어줘도 된다.

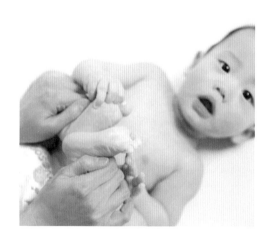

신생아 배냇머리, 깎아주는 게 좋을까?

예전에는 배냇머리를 밀면 모발이 더 건강해지고 풍성해진다고 해서 밀어주는 경우가 많았다. 하지만 모발의 양은 아기의 유전자에 따라 좌우되며 배냇머리를 밀어준다고 해서 변하지는 않는다. 신생아가 누워있는 동안 배냇머리는 빠지고 새 머리카락이 나기 때문에, 베개에 머리카락이 너무 빠진다고 걱정할 필요는 없다. 배냇머리를 감길 때는 따뜻한 물로 가볍게 닦아주기만 해도 된다. 한여름 더운 날씨에 땀이 많이 날 경우 아기용 샴푸나 비누를 사용해서 감기는 것이 좋다.

손발톱 관리법

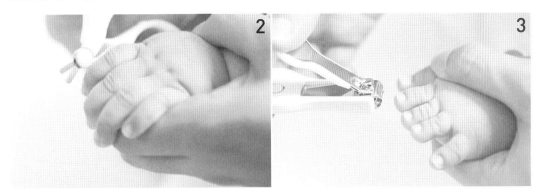

1 아기를 엄마 무릎에 앉힌다

아기가 등을 대고 엄마 무릎에 앉게 한 뒤 엄마가 뒤에서 안전하게 잡아준다.

2 아기의 손톱을 깎아준다

한 손으로 아기의 손을 잡고 다른 한 손으로는 손톱을 깎아준다

3 발톱을 일자로 자른다

살을 파고드는 것은 막기 위해 발톱은 일자로 자른다.

손싸개

이기의 손발톱은 매우 날카로입서 자신을 할퀼 수도 있다. 피부건조증이 있는 아기라면 더더욱 손톱으로 피부를 자극하지 않도록 한다. 예방을 위해 아기의 손을 면 소재의 부드러운 손싸개로 감싸준다.

치아 관리

이가 나오기 시작하는 6개월 무렵부터는 이와 잇몸을 관리해줘야 한다. 이가 나기 전이라도 가제 수건에 물을 묻혀 잇몸을 닦아준다. 이가 서너 개 나기 시작하면 아기용 칫솔을 사용해 이를 닦아준다. 아기 때부터 이 닦는 습관을 들이고 치아를 건강하게 관리하도록 한다.

이가 나기 시작하면 매일매일 치아와 잇몸을 관리해줘야 한다. 보통 아침에 닦아주고 자기 전에 또 닦아준다. 젖니가 한두 개 정도 났다면 가제 수건으로 닦아주고 세 개 이상 나면 아기용 칫솔을 사용하기 시작한다. 이가 나기 시작할 때부터 플라크와 세균, 산을 잘 제거해줘야 충치를 예방할 수 있다.

영유아기의 아이는 혼자서 제대로 양치질을 하지 못한다. 이때까지는 엄마가 세심히 관리해줘야 한다. 아기는 엄마를 따라 하는 것을 좋아하기 때문에, 아기가 갖고 놀 수 있는 칫솔을 따로 주고 양치를 하는 동안 엄마를 지켜보며 놀게 한다.

칫솔 · 치약 고르기

칫솔 | 칫솔모가 짧고 부드러우며 밝은색을 띠는 것

칫솔모가 짧고 부드러우며 밝은색을 띠는 칫솔을 고른다. 칫솔이 낡은 것처럼 보이지 않아도 6~8주마다 교체한다. 아기의 입에서 나온 세균이 칫솔모에 쌓이기 때문이다.

치약 | 불소 함량이 적고 당분을 함유하지 않은 것

불소 함량이 적은 아기용 치약을 사용한다. 맛있게 하려고 일부러 당분을 추가한 치약은 피하는 것이 좋다. 플라크만 늘어날 뿐이다. 영유아에게는 치약을 조금만 묻혀 닦는 것이 원칙이다.

6개월 이후 치발기 사용하기

자신의 손에 관심을 보이고 빨기 욕구가 활발해지는 때라, 손이나 눈에 보이는 무엇이든 입으로 가져간다. 빠르면 6개월 이전에 이가 나는 아기들도 있어, 욱신거리거나 간지러움을 덜기 위해 물건들을 잇몸으로 씹는 것을 좋아하기 때문에 치아 발육기를 준비해준다.

단 음식과 음료수, 단단한 음식 제한하기

아기를 재울 때 우유나 주스가 든 젖병을 빨면서 잠들게 해서는 절대 안 된다. 아기의 이를 설탕물에 몇 시간 담가두는 것과 다름없기 때문이다. 우유나 주스의 당분은 충치를 유발한다. 평소 단 음료 대신 과일과 채소를 많이 주도록 한다. 과일과 채소에는 자연적인 단맛이 있어 계속 물어뜯어도 좋다.

단단한 음식도 아기의 이를 상하게 할 수 있으니 주의한다. 무엇이든 입에 가져가려는 아기는 단단하고 날카로운 장난감을 씹다가 이와 잇몸을 다칠 수도 있다. 부드러우면서도 적당히 단단한 물체만 씹을 수 있게 한다.

아기의 치아 상태를 자주 확인하고 흰색이나 노란색, 갈색의 점이 보이면 치과의사에게 데려간다.

아기 치아 관리법

이가 나기 전 (0~6개월)

깨끗한 가제 수건에 물을 축여 잇몸을 빙 둘러가면서 닦아준다. 잇몸 안쪽을 닦고 바깥쪽을 닦는다.

아래 앞니가 났을 때 (6~9개월)

가제 수건에 아기용 치약을 아주 조금 묻혀 이와 잇몸을 부드럽게 닦아준다. 면봉을 사용해서 닦아줘도 된다.

위 앞니 포함 6개가 났을 때 (8~12개월)

아기를 무릎에 앉히고 아기의 등을 엄마의 몸에 기대게 한다. 부드러운 모로 된 칫솔에 치약을 조금 묻혀 아기의 이와 잇몸을 조심스럽게 닦는다. 부드럽게 위아래로 움직이면 플라크를 제거할 수 있다. 입 안쪽을 닦을 때는 캑캑거릴 수 있으므로 주의한다.

Doctor's Advice
젖니가 날 때 치아 발육기가 도움 돼요

젖니가 날 때 잇몸이 간질거리고 아파서 고통스러워하는 아기들이 있다. 잇몸의 증상뿐 아니라 다른 여러 증상이 나타나기도 하는데, 침을 흘리고 잠을 잘 못 자기도 하며 심한 경우 열이 나기도 한다. 단순히 이가 나는 것 때문에 이런 증상을 보이는 것은 아니지만 이 무렵 많은 아기들에게 흔히 나타나는 증상이다.

아기는 보통 생후 6~9개월 사이에 처음으로 이가 나오기 시작해서 첫돌 전까지 2~4개의 젖니가 생긴다. 세 살쯤 되면 젖니 20개가 모두 난다. 이가 날 때 위와 같이 가벼운 증상을 보인다면 치아 발육기와 같은 물체를 냉장고에 뒤서 차갑게 한 뒤 씹게 한다. 아기가 너무 힘들어하면 의사에게 보여 아기용 해열 진통제나 국소진통제를 처방받는다.

CHAPTER 5

아기 옷 입히기

옷은 체온 조절을 돕고 외부의 자극으로부터 아기를 보호하는 기능이
있어요. 계절에 따라, 아기의 개월 수에 따라 옷이 달라지지만 보통 아기는
엄마보다 한 겹 정도 더 입히는 것이 좋아요. 아기 옷의 소재는 부드러운
면이나 울 같은 천연섬유가 좋고, 새로 산 옷은 먼저 중성세제로 세탁한 후
입히도록 하세요.

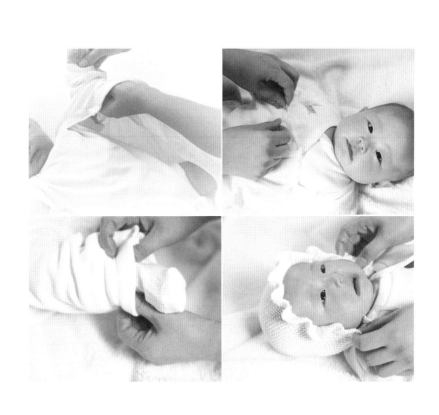

기본적으로 준비해야 할 옷

아기를 만나기 전 설렘과 동시에 꼭 챙겨야 할 준비물들이 많다. 그중에서도 옷은 연약한 아기를 보호해주는 가장 중요한 용품이다. 아기 옷을 준비할 때는 기본적인 옷 외에 계절에 따라 한두 가지 추가하고, 개월 수를 예상해 구입한다. 아기가 보다 쾌적하고 안전하게 지낼 수 있는 옷 구입 요령을 알아보자.

아기 옷 준비할 때 신경 써야 할 것들

출산을 앞둔 예비 엄마는 출산 전 기본적인 아기 옷을 준비한다. 옷이나 기타 아기용품은 친구나 친척들이 출산 기념으로 선물하는 경우도 많으므로 이를 감안해서 부족한 듯하게 준비하는 것이 좋다.

아기를 키우다 보면 어떤 것은 필요하고 어떤 것은 거의 필요하지 않다는 것을 알게 된다. 나중에 필요한 것을 하나씩 구입해도 늦지 않다. 아기가 태어난 계절에 따라 구입을 늦춰도 되는 것들도 있다. 봄에 태어난 아기라면 방한용 우주복 같은 것은 겨울 직전에 구입해도 된다. 손싸개, 발싸개의 경우 필요하지 않은 아기도 있다.

아기 옷은 개월 수에 맞는 것으로 구입한다. 갓 태어난 아기는 배냇저고리가 필요하고, 3개월 정도 되면 엉덩이에 트임이 있는 우주복이 좋다. 아기가 점점 자라면서 다리에 힘이 생기면 상하의가 따로 된 내의를 입힌다.

아기의 옷을 준비할 때 가장 신경 써야 할 것은 소재다. 통풍과 땀 흡수가 잘 되는 부드러운 면 소재의 옷을 선택하고, 단추나 박음질이 몸에 배기지 않도록 디자인된 옷을 고른다.

기본으로 준비하는 신생아 옷

배냇저고리

쉽게 여미거나 풀 수 있게 된 끈 달린 저고리 형태의 옷. 아기가 태어나자마자 입는 옷이다. 조금 넉넉한 것을 준비해 아기가 편하게 입을 수 있도록 한다. 보통 2~3개월까지 입힌다.

보디슈트(우주복)

상하의가 붙은 옷을 보디슈트라고 한다. 상하의가 하나로 되어있어 올인원이라고도 하며 흔히 우주복이라고 불린다. 3개월 정도 되면 아기의 움직임이 활발해져서 뒤척이다가 배가 드러나기 쉽다. 이럴 때 보디슈트를 입히면 좋다. 밑에 똑딱단추가 있어 기저귀 채우고 벗기기에 편리하다. 팬티형과 바지형이 있다.

상하 내의

아기가 백일 무렵이 되어 다리에 힘이 생기고 몸을 가눌 수 있게 되면 상하로 된 내의를 입힌다.

방한복

보온성 좋은 옷감에 머리부터 발끝까지 올인원 스타일로 되어있어 보온 효과가 크다. 겨울철 외출할 때 입힌다. 겉싸개나 이불로 대체할 수도 있다.

손싸개

갓난아기 때는 손톱으로 자기 얼굴을 할퀼 수도 있다. 이럴 때는 손싸개로 손을 싸놓는 편이 안전하다.

양말

발을 보호하고 보온 효과를 위해 실내에서도 양말을 신긴다. 신생아기 이후에는 아기가 갑갑해하면 벗겨도 된다.

아기 옷 관리법

아기의 피부는 예민하고 민감해서 화학 성분에 노출될 경우 가려움증이나 발진 등의 피부질환을 일으킬 수 있다. 아기 옷을 세탁할 때에는 유해 성분이 들어있지 않은 아기 전용 세탁세제를 사용하는 것이 좋다.

새로 산 옷은 태그를 말끔히 제거하고 솔기도 꼼꼼히 확인한다. 새로 산 옷은 세탁한 뒤에 입히도록 한다. 아기 옷은 부드러운 면으로 되어있어 세탁기에서 강력세탁을 하면 옷감이 쉽게 상할 수 있다. 아기 전용 세탁세제를 녹인 물에 10분 정도 담가두었다가 약 코스로 세탁하는 것이 좋다.

신생아 겉싸개, 필요할까?

신생아는 태어나자마자 병원에 예방접종을 받으러 가는 등 외출을 해야 할 일이 많다. 이럴 때 겉싸개가 있으면 유용하다. 겉싸개는 외부 자극으로부터 아기를 포근하고 안전하게 보호해주며 이불이나 매트 대용으로도 사용할 수 있어 실용적이다. 요즘 겉싸개는 이불처럼 직사각형으로 된 것부터 몸을 끼우는 것. 다리 부분이 갈라져서 옷처럼 입히는 것 등 디자인이 다양하다.

배냇저고리와 내의

아기는 체온 조절을 위해 옷을 입혀야 한다. 대표적인 아기 옷이 배냇저고리다. 배냇저고리는 움직임이 많지 않은 갓난아기에게 쉽고 간편하게 입힐 수 있는 옷이다. 아기가 처음 입게 되는 배냇저고리 입히는 법을 익혀보고, 아기가 자라면 입게 되는 앞트임이 없는 상의와 바지 입히는 법도 알아본다.

아기는 생후 몇 달간은 신체 온도를 스스로 조절할 수 있는 능력이 제대로 작동하지 못해 몸이 쉽게 더워지기도 하고 쉽게 추워지기도 한다. 이럴 때 갓난아기의 체온 조절을 돕고 피부를 보호하는 역할을 하는 것이 속옷이다. 속옷은 다양한 형태가 있는데 대표적인 것이 배냇저고리와 내의다.

움직임 많지 않은 신생아에게 적합한 배냇저고리

갓난아기를 씻기는 것도 힘들지만 옷을 갈아 입히는 것 역시 쉽지 않다. 옷을 입히고 벗기는 것조차 어려운 신생아기의 아기에게 쉽고 간편하게 입힐 수 있는 옷이 바로 배냇저고리다. 배냇저고리는 간단히 여미거나 풀 수 있게 끈이 달린 저고리 형태의 옷이다. 바지 없이 긴 가운만으로 되어있어 움직임이 많지 않은 신생아에게 입히기에 적합하다. 팔만 끼워서 저고리처럼 여며 입히면 되기 때문에 입히고 벗기기에 편리하다.

　태어나자마자 제일 처음 입는 옷인 만큼 배냇저고리는 아기 피부에 자극이 없어야 한다. 부드러운 면 소재로 편안하며 삶아도 탈색이 안 되는 흰색을 고른다. 세탁할 때는 자극이 없는 천연세제나 중성세제를 사용한다.

상하 분리된 내의 입히기

아기가 차츰 자라면 배냇저고리 대신 올인원으로 된 보디슈트를 입히고, 다리에 힘이 생기고 몸을 가눌 수 있게 되면 상하 분리된 내의를 입힌다. 내의는 보통 3개월 무렵부터 입힌다.

　앞트임이 없는 윗옷은 얼굴에 걸리적거릴 수 있으므로 입히고 벗길 때 요령이 필요하다. 대체로 목둘레가 큰 것이 입히고 벗기기에 편하다. 바지를 입힐 때 허리를 번쩍 들어서 꺾이게 해서는 안 된다. 조심스럽게 들어 올려 입혀야 한다.

배냇저고리 입히는 방법

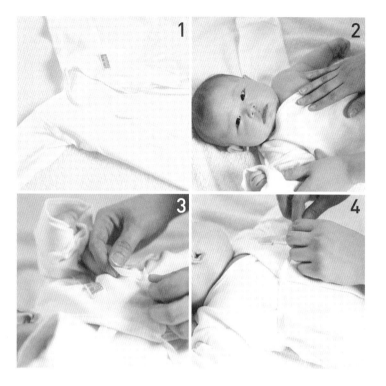

1 입힐 옷을 바닥에 펼친다
배냇저고리의 양팔을 펼쳐서 바닥에
펼쳐 놓는다.

2 한쪽 팔을 먼저 끼워 넣는다
펼쳐진 옷 위에 아기를 눕히고 한쪽
팔을 끼워 넣는다. 입히면서 손가락이
소매 끝에 걸리지 않도록 주의한다.

3 나머지 팔을 넣는다
어깨 위로 옷을 끌어올려 입히고 다른
쪽 소매도 마저 입힌다. 소매가 너무
길면 끝을 접어서 손을 꺼내준다.

4 끈으로 잘 여며준다
배냇저고리는 대부분 끈으로 묶는 형
식으로 되어있다. 줄을 잘 맞춰 끈을
리본 모양으로 묶어준다.

내의 입히는 방법

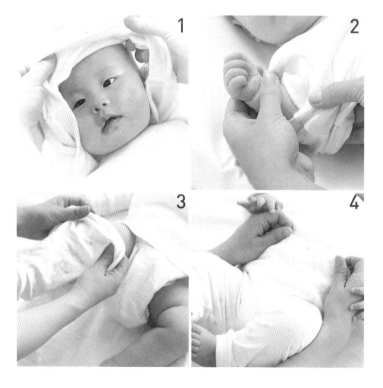

1 상의를 아기의 머리 위로 끼워 넣는다
옷의 목둘레를 크게 벌려 아기의 머리
에 살며시 끼운 다음 목을 잘 받치고
옷을 천천히 내린다.

2 아기 팔을 소매에 끼운다
소매를 넓게 벌리고 아기의 팔을 잡아
소매 속으로 넣는다. 다른 쪽 팔도 같은
방식으로 한 다음 옷을 내려준다.

3 바지에 다리를 끼운다
바지를 뒤집어 팔에 끼우고 아기의 발
을 잡는다. 바지를 살살 올리면서 다
시 뒤집어 옷을 입힌다.

4 바지를 올린다
바지를 허리 부분까지 올린 뒤 고무
줄을 매만져 잘 입혀졌는지 확인한다.

우주복 입히기

생후 2~3개월 정도 되어 움직임이 활발해지면 아기 옷을 바꿔줘야 한다. 뒤척이거나 발차기를 하다가 배나 다리가 드러나게 되므로 이 무렵부터는 올인원이나 내의를 입힌다. 올인원은 위아래가 붙은 옷으로 우주복이라고도 하는데, 똑딱단추가 달려있어 기저귀를 갈아주기에도 편리하다.

입히고 벗기기 편하고 아기도 편안하다

생후 2~3개월 정도 되면 아기의 움직임이 활발해져서 뒤척이다가 배가 드러나거나 발차기를 하면서 다리가 드러나기도 한다. 활동성이 많아지는 이 시기에는 배냇저고리에서 상하 내의로 바꿔줘야 한다. 내의는 상하의가 따로 되어있어 몸을 완벽하게 커버하지만 입히고 벗기기가 쉽지 않다. 이를 보완할 수 있는 것이 우주복이라고 불리는 올인원이다. 우주복은 입히고 벗기기가 쉽고, 온몸을 둘러싸기 때문에 아기 몸을 보호하기에 좋다. 어떤 것은 발까지 붙어있어 양말을 따로 신길 필요가 없다.

　무엇보다 우주복은 갈아입히기가 아주 편리하다. 벗길 때도 단계적으로 벗길 수 있어 아기에게도 편안하다. 갑자기 옷을 완전히 벗겨서 아기를 놀라게 하는 일이 없기 때문이다. 기저귀만 갈아줄 때는 윗부분은 그대로 입힌 채 다리 부분만 열면 된다. 옷 전체를 갈아입힐 때는 엉덩이부터 깨끗이 처리한 다음. 새 옷을 엉덩이에 반쯤 입히고 나서 더러워진 옷의 윗부분을 벗기면 된다.

보디슈트

단순히 상하의가 붙은 것은 보디슈트라고 한다. 우주복과 형태가 같은데 보통 팬티형으로 되어있어 속옷처럼 입는다. 우주복은 몸에 밀착되지 않는 경우가 많아서 허전하기 쉬운데, 우주복 속에 보디슈트를 입히면 안정감이 있고 보온 효과를 높일 수 있다. 아기용 보디슈트는 똑딱단추가 달려있어 기저귀를 채우고 벗기기에 편리하다.

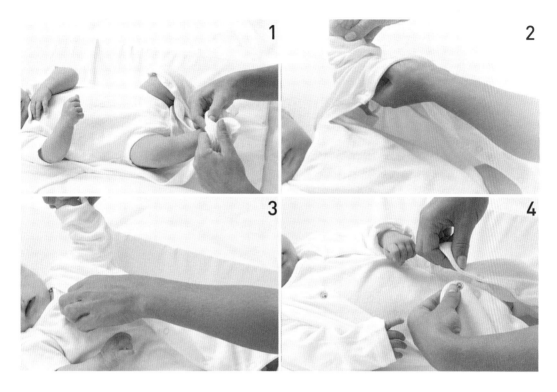

1 발과 다리를 끼운다

우주복을 펼치고 그 위에 아기를 눕힌다. 아기의 발을 잡아 발 부분을 신기고 다리도 반듯하게 입힌다. 다른 쪽도 같은 방식으로 한다.

2 아기 팔을 소매에 끼운다

아기의 손목을 잡고 소매에 부드럽게 끼운다. 아기의 손톱이나 손가락이 옷에 걸리지 않도록 조심한다.

3 팔과 어깨 위로 옷을 입힌다

어깨 위로 옷을 잡아당겨 가면서 반듯하게 입힌다. 다른 쪽 소매도 마저 입힌다. 소매가 너무 길면 끝을 접어서 아기의 손이 밖으로 나오도록 해준다.

4 옷을 여미고 단추를 채운다

우주복의 좌우를 여미면서 균형을 잡은 후 다리 쪽부터 단추를 채운다. 양쪽 단추가 잘못 채워지지 않도록 주의한다. 단추를 다 채운 다음에는 어깨와 엉덩이, 다리 부분이 불편하지 않은지 매만진다.

우주복 구입할 때 체크포인트

우주복을 구입할 때는 다른 아기 옷과 마찬가지로 부드러운 천으로 된 것을 고른다. 소재로는 천연섬유가 가장 좋다. 세탁을 해도 물이 안 빠지는지 확인한다.

치수 선택은 나이보다 신장과 체중을 기준으로 한다. 아기마다 성장 속도가 달라 같은 개월 수라도 내 아기에게 안 맞을 수 있기 때문이다. 가능하면 움직이기 편하도록 느슨하고 품이 넉넉한 우주복을 고른다. 목둘레는 특히 더 느슨해야 아기의 활동에 제약을 주지 않는다.

PART 4

외출복 입히기

생후 1개월이 지나면 아기는 바깥바람을 조금씩 쐴 수 있다. 바깥공기를 쐬는 것은 아기의 피부뿐만 아니라 호흡기에도 좋은 자극이 된다. 외출을 할 때는 체온 조절에 신경 써서 옷을 입혀야 한다. 처음에는 포대기에 싼 채 바깥바람을 쐬는 정도로만 하다가 차츰 외출복을 갖춰 입히고 아기띠로 안거나 유모차에 태워 외출을 한다.

체온 유지에 신경 써서 옷을 입힌다

아기와 함께 외출을 할 때 주의할 것은 아기의 체온을 유지하는 일이다. 아기가 너무 덥거나 춥지 않도록 신경 써서 옷을 입힌다. 기본적으로는 엄마가 입은 옷과 똑같이 입히고, 필요하다면 한 겹 더 입히거나 덜 입혀서 체온을 조절한다. 이때 포대기나 아기띠도 옷 한 겹으로 쳐야 한다. 참고로 아기에게는 두꺼운 옷 한 겹보다 얇은 옷 여러 겹이 더 낫다.

포근하고 쾌적한 날씨라면 우주복에 면 카디건 정도를 걸치는 것이 적당하다. 추운 날씨에는 우주복에 카디건을 걸치고 모자까지 써야 한다. 카디건은 섬유 조직이 부슬부슬하지 않고 쫀쫀한 것이 좋다. 조직이 성글면 아기의 손가락이 끼기 쉽기 때문이다. 지퍼로 돼있거나 큰 단추가 달려서 쉽게 입힐 수 있는 것을 고른다. 면이나 울 같은 천연섬유는 땀이 차지 않으면서 보온 효과가 있어서 좋다.

무더운 날씨에는 속옷과 기저귀만 입히고, 아주 추운 날씨에는 모자가 달린 인조양모 소재의 외출용 우주복이 좋다. 외출용 우주복은 실내용 우주복과 같은 방법으로 입히면 된다.

외출했을 때 아기의 체온이 따뜻하게 유지되고 있는지 확인하려면 속옷 안으로 손을 넣어 가슴과 등의 온도를 느껴본다. 아기의 몸이 엄마의 손보다 약간 더 따뜻해야 한다.

아기띠에 아기를 안는다

엄마 혼자 아기를 안고 외출해야 할 때는 아기띠가 편리하다. 목을 가누기 시작하는 아기라면 아기띠에 싸서 외출을 한다. 아기띠로 아기를 안거나 업을 때는 엄마의 체온이 플러스가 되기 때문에 이를 감안해서 옷을 입혀야 한다.

1 소매를 입힌다

아기가 앞을 보게 한 상태로 무릎에 앉힌다. 한쪽 소매를 잡고 아기의 팔에 넣은 다음 어깨까지 천천히 끌어올린다.

2 반대쪽 소매를 입힌다

카디건을 등 뒤로 두른 다음. 다른 쪽 소매를 잡고 아기의 팔을 넣어 입힌다. 앞과 뒤를 잘 매만진 다음 목 부분에서부터 단추를 채운다.

최초의 필수 용품 모자와 양말

모자

조금 서늘한 계절에는 모자가 필수적이다. 갓난아기는 가벼운 모자를 씌우고, 엄마의 머리가 약간 차갑다고 느껴지는 날씨에는 조금 두꺼운 모자를 씌운다. 여름에는 햇빛 차단용 모자가 필수적이다.

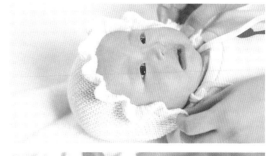

양말

의외로 엄마들이 외출할 때 아기 양말 신기는 것을 잊는 경우가 많다. 발을 따뜻하게 유지하는 것은 체온 유지에 중요하므로 외출할 때는 꼭 아기 양말을 신기도록 한다.

CHAPTER 6

아기와 놀아주기

아기는 엄마 아빠와 함께 노는 것을 무척 좋아해요. 아기가 울면 젖을 주거나
기저귀만 갈아주지 말고 아기와 놀아주는 기회를 만드는 것이 좋답니다.
아직 말도 못 하는 아기와 어떻게 놀아야 할지 모르겠다면 아기와 교감하는
방법의 기본인 스킨십과 눈 맞추기, 말 걸기를 시도해보세요.

아기 마사지

엄마와 아기는 스킨십을 통해 교감하면서 행복감을 느끼고 애착이 강화된다. 기저귀를 갈거나 목욕을 하고 난 뒤에는 아기의 피부를 쓰다듬어주고 팔다리를 주물러가며 마사지해주면 좋다. 마사지는 아기를 진정시킬 뿐만 아니라 근육 발달을 돕고 성장을 촉진하며 면역체계를 강화하는 효과가 있다.

신체 접촉을 통해 애착을 강화시킨다

애착 강화를 위해 아기에게 스킨십과 마사지를 많이 해준다. 엄마와 아기는 스킨십을 통해 교류하면서 행복감을 느끼게 된다. 출산 초기 산후조리 기간이라도 긴밀한 신체적 접촉을 통해 아기에게 유대감과 애착을 전달하는 것이 중요하다.

스킨십을 할 때는 아기를 벗긴 상태로 엄마의 피부에 닿게 안아서 아기가 엄마의 느낌과 냄새에 익숙해지게 한다. 아기는 옷을 벗긴 채 부드럽게 마사지하듯이 어루만져주면 좋아한다. 옷을 벗길 때는 아기가 편한 시간을 택해 아늑하고 편한 장소에서 한다.

스킨십을 하면서 나지막하고 부드러운 목소리로 아기에게 말을 건네면 아기와의 교감이 더욱 강화된다. 이런 과정을 거쳐 아기는 엄마를 알아가고 의지하며 신뢰하게 된다. 아빠 역시 접촉을 많이 해서 아기가 엄마 아빠 모두에게 애착을 갖게 한다.

성장을 촉진하는 아기 마사지

마사지는 아기의 근육 발달을 돕고 성장을 촉진하며 면역체계를 강화한다. 아기를 진정시켜주고 엄마와 아기의 유대감을 높여주는 효과도 있다. 처음에는 문지르고 쓰다듬으며 부드러운 스킨십을 하다가 아기가 만족하면 마사지를 시작해본다. 갓난아기 때부터 스킨십에 익숙해지면 마사지를 할 때 아기와 엄마 모두가 더 쉽고 즐거울 것이다.

마사지에 필요한 유일한 도구는 엄마의 손이다. 엄마는 마사지를 하기 전 손을 깨끗이 씻고, 반지는 아기의 피부에 상처를 낼 수 있으므로 빼도록 한다.

마사지를 시작할 때는 아기에게 부드럽게 말을 걸면서 천천히 옷을 벗긴다. 양손을 비벼서 손을 따뜻하게 하면 좋다. 아기용 오일을 사용하는 것도 좋다.

  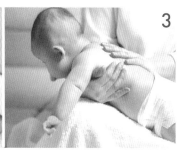

1 팔다리를 풀어준다 | 아기를 엄마 무릎에 앉히고 앉는다. 아기의 어깨에 손을 올리고 부드럽게 주무른다. 어깨에서 손까지 팔을 따라 부드럽게 쓰다듬는다.

2 목과 등, 양팔을 쓰다듬는다 | 엄마의 허벅지 위에 아기를 옆으로 앉힌다. 엄마의 팔 위로 아기의 겨드랑이가 안정적으로 걸쳐지게 한 다음. 아기의 등 위쪽과 팔의 좌우를 문질러준다. 이어서 목부터 등까지 쓰다듬는다.

3 척추와 다리를 문질러준다 | 엄마의 허벅지에 아기를 엎드리게 한 다음 아기의 목부터 척추 아래까지 위아래로 부드럽게 살살 쓰다듬는다. 아기가 만족스러워하면 엄마의 허벅지 위에 아기의 다리를 쭉 펴게 한 다음 허리부터 다리까지 쓰다듬는다.

신체 부위별 마사지

손과 팔 마사지

아기의 손가락을 차례로 쭉쭉 펴주고 손바닥의 중심을 엄지손가락으로 지그시 눌러주면 감각기관이 건강해지고 혈액순환에도 도움이 된다. 어깨부터 팔을 따라 부드럽게 쓰다듬어준다.

등과 배 마사지

아기의 배꼽 위에 손바닥을 가볍게 댄 뒤 시계 방향으로 피부를 쓸어주면 소화가 잘되고 장기능이 튼튼해진다. 등 마사지는 검지와 중지로 아기의 등뼈의 양쪽 줄기를 가볍게 누르면서 쓸어주면 된다. 등 마사지는 긴장을 풀어주고 허리를 튼튼하게 한다.

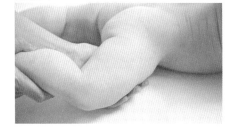

다리 마사지

다리를 마사지해주면 뼈에 충분한 산소와 영양을 공급해서 성장에 좋다. 한 손으로 발을 잡고 다른 손으로 아킬레스건 주위를 자극한다. 무릎 주위를 잡고 비틀듯이 쓸어 올려주면 다리 힘이 길러진다.

아기와 대화 나누기

아기는 엄마 아빠의 말을 알아듣고 반응한다. 제대로 이해하지는 못해도 엄마 아빠와 대화를 나누며 의사소통을 한다. 아기가 말을 알아듣건 못 알아듣건 아기에게 끊임없이 말을 걸어주는 것이 좋다. 아기에게 말 걸기는 엄마와 아기 사이의 친밀감을 높여주고 아기의 언어와 정서 발달에도 좋다.

아기의 성장 발달 과정에서 언어는 신체 발달만큼이나 중요하다. 아직 말을 하지 못하는 아기라도 옹알거리는 소리를 통해 자신의 의사나 감정을 표현한다. 입으로 내는 소리뿐만 아니라 귀로 듣는 소리에도 민감하게 반응하며 안정을 찾거나 반대로 불안감을 느끼기도 한다.신생아는 엄마의 목소리나 특정한 소리, 음악 소리를 알아차리고 그에 반응한다. 태어나기 전에 들었던 노래를 다시 듣게 되면 아기는 편안한 상태가 되어 금세 잠이 든다.

울던 아기가 엄마의 목소리에 울음을 그친다거나 엄마의 소리에 팔다리로 반응을 보인다면 의사소통의 기초적인 단계에 접어든 것이다. 이럴 때 엄마가 아기에게 소리 자극을 주며 말을 걸면 아기의 성장 발달에 도움이 된다. 일방적인 혼잣말이라고 생각해 쑥스러워하지 말고 적극적으로 아기에게 말을 거는 습관을 들이도록 하자.

미소 띤 얼굴로 아기 눈을 보며 말을 건다

아기는 엄마의 반면 거울과 같다. 엄마가 어르고 말을 걸면 방글방글 웃고 무서운 얼굴을 하면 금세 울어버린다. 이런 것도 엄마와 아기가 교감하는 방법이다. 아기에게 말을 걸 때는 무표정한 얼굴보다는 미소 띤 얼굴로 아기의 눈을 보면서 말을 거는 것이 중요하다.

아기에게 말을 가르친다는 생각을 버리고 친밀감을 표현한다는 생각으로 말 걸기를 시작한다. 아기는 엄마 아빠의 부드러운 목소리만 들어도 기분이 좋고 함께 있는 것만으로도 안심이 된다. 생후 1년은 엄마의 목소리를 통해 친밀감과 애정을 느끼게 되는 시기이기도 하다.

아기에게 말 걸기에 이른 시기란 없다. 엄마 배 속에 있을 때 태담을 나누던 것처럼, 갓 태어난 아기에게도 끊임없이 눈을 맞추고 말을 걸어주는 것이 좋다. 말귀를 못 알아듣고 의사 표현도 미숙한 갓난아기에게 어떻게 말을 걸어야 할지 모르겠다면 몇 가지 요령을 배워보자.

먼저 "엄마", "맘마", "응가" 같은 단조로운 말을 시작으로 손짓을 해가면서 말을 건다. 아기는 뜻을 알아듣지는 못해도 엄마의 얼굴을 쳐다보며 귀를 기울이고 마치 대답을 할 것 같은 태도를 보인다.

아기와 대화하는 법

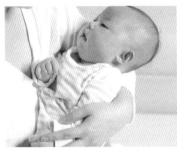

1 자연스럽게 말을 건다
말귀를 알아듣지 못하는 아기에게 말을 거는 것이 혼잣말하는 것 같아서 어색하겠지만 하다 보면 점점 익숙해진다. 억지로 말을 만들어서 하려고 하지 말고 자연스럽게 이야기를 건넨다. 사랑스러운 아기를 보고 있으면 자신도 모르게 어르고 말을 걸게 될 것이다.

2 아기의 눈을 보면서 말을 건다
아기에게 말을 걸 때는 아기의 얼굴을 보면서 눈을 맞추는 것이 중요하다. 아무리 말을 많이 해도 눈을 보면서 말하지 않으면 효과는 줄어든다. 목욕할 때나 기저귀를 갈때도 중간중간 아기의 눈을 봐가며 대화를 나눈다.

3 미소 띤 얼굴로 말을 건다
아기에게 말을 걸 때는 미소 띤 얼굴로 말을 걸도록 한다. 감정 표현을 못 하는 아기라도 눈치는 있어서 엄마가 즐거운지 화가 났는지 알아차린다. 엄마가 무표정한 얼굴로 아기를 대하면 아기도 밝지가 않다. 아기에게 말을 걸 때는 항상 웃는 얼굴로 대하는 것이 중요하다.

4 상황에 따라 화제를 꺼낸다
기저귀를 갈면서 "엄마가 기저귀 갈아줄게", "어때, 기분 좋지?" 하는 식으로 지금 일어나고 있는 일을 이야기한다. 목욕할 때도 물을 끼얹어주며 "쏘브륵" 의성어를 내거나 "물이 따뜻하지?" 하면서 대화를 한다. 아기의 모습을 보면서 "엄마 보고 웃고 있네" 하는 식으로 말을 걸어도 좋다.

5 말을 따라 하게 유도한다
아기는 3개월쯤 되면 옹알이를 시작한다. 말문이 터지기 시작할 때 엄마가 적극적으로 말을 거는 것이 좋다. "엄마", "맘마", "뽀뽀" 같은 쉬운 단어를 발음하면서 아기에게 따라 하게 해본다. 아기가 옹알거리며 말을 하면 엄마가 그 소리를 흉내 내보는 것도 좋다. 이렇게 엄마와 아기가 말을 주고받으며 대화를 하도록 한다.

책 읽어주기

아기에게 규칙적으로 책을 읽어주면 아기는 안정감을 느끼고 언어에 친숙해지며 감각이 자극되어
발달이 촉진된다. 아기에게 책을 읽어주는 시간은 부모와 아기가 사랑을 나누는 소중한 시간이기도
하다. 아기와 함께 책을 읽음으로써 엄마 아빠는 아기와 연결되어있다는 것을 피부로 느끼게 된다.

....

아기는 태어나자마자 엄마의 목소리를 인식하기 때문에 그 목소리로 책을 읽어주면 편안함을 느낀다. 아기가 울 때 책
을 읽어주면 울음이 잦아들기도 한다.

그렇다면 아기에게 책을 읽어주기에 적당한 시기는 언제일까? 아기가 책에 관심을 보일 때까지 기다릴 필요는 없
다. 아기가 엄마 배 속에 있을 때 태교 동화를 읽어준 것처럼. 아기가 세상에 나온 순간부터 책을 읽어주면 된다. 책을
읽는 것은 엄마와 아기 모두에게 좋다. 책 읽기는 긴장을 풀어주고 엄마와 아기의 유대감을 형성하며 신생아기의 발달
을 돕는다.

아기에게 소리 내서 책을 읽어주면 일상생활을 할 때와는
다른 특별한 교감이 이루어진다.

물론 갓 태어난 아기는 엄마 아빠가 읽어주는 책의 내용
을 알아듣거나 그림을 이해하지는 못한다. 하지만 꾸준히
책을 읽어주다 보면 얼마 안 돼 엄마 아빠의 목소리를 통해
서 말과 감정을 알아낼 수 있게 된다. 엄마 아빠의 표정 변
화를 보면서 아기는 상황을 알아차리고 말을 배우게 된다.
그래서 엄마 아빠가 말을 하는 방식이나 리듬. 속도가 아기
의 이해를 돕는 데 커다란 영향을 미친다.

책을 읽는 도중에 아기가 소리를 낸다면 자신도 함께 참
여하고 싶다는 반가운 신호다. 처음에는 소리만 내다가 점
차 단어 수준으로 발전하게 된다. 자라면서 아기는 책을 통
해 더 많은 것을 습득한다. 책에 집중하는 시간이 길어지
고, 점점 책에 관심을 보이면서 만지려고 하고, 그림까지
이해하게 된다.

1 최대한 빨리 시작한다

아기는 태어난 지 얼마 되지 않아서 엄마의 목소리를 인식할 수 있다. 이때 책을 읽어줌으로써 아기를 달랠 수 있다. 책을 읽어주는 것은 빠를수록 좋다. 책 읽기는 우는 아기를 달래는 데도 만족스럽고 효과적인 방법이다.

2 적당한 책을 고른다

밝고 다채로운 그림책일수록 아기의 흥미를 끈다. 대부분의 그림책은 밝고 컬러풀한 그림들이 그려져 있어 아기의 관심을 끌기 쉽다. 그림이 입체적으로 되어있거나 재질을 촉감으로 느낄 수 있는 책이 좋다. 읽기를 할 때 팝업북이나 직접 만져서 감촉을 느낄 수 있는 책을 포함시킨다.

3 구절을 반복하며 아기의 주의를 끈다

아기는 반복을 통해서 배운다. 특정한 단어를 반복해서 말하거나 천천히 읽는 등 '반복'을 많이 사용한다. 아기가 손가락으로 가리키거나, 그림을 응시하거나, 소리를 내면서 관심을 표현할 때는 그 부분을 다시 읽어준다.

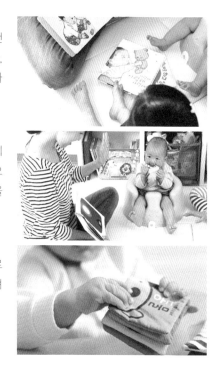

4 과장된 몸짓으로 이해를 돕는다

아기가 이야기를 잘 이해할 수 있도록 몸짓을 사용하는 것도 좋다. 기쁜 장면에서 미소를 짓거나 크게 놀라는 등의 단순한 몸짓과 표정으로 아기의 이해를 돕는다. 등장인물에 따라 목소리의 높낮이와 톤을 바꿔가며 다양한 표정을 지으면 아기는 그에 반응한다.

5 책과 놀게 한다

아기는 관심이 가는 물건에 손을 뻗거나 만지려고 한다. 책을 입으로 가져가거나 물어뜯기도 한다. 이런 행동은 아기만의 표현 방식이며 나름대로 책과 친해지는 과정이므로 그대로 놔둔다.

아기 책 선택하기

아기는 같은 책을 반복해서 읽어주는 것을 오히려 좋아한다. 하지만 읽어주는 사람도 지루하지 않도록 그림책 서너 권을 번갈아 읽어주면 좋다. 지루하다고 이야기를 생략하면 아기는 신기하게도 그것을 알아차린다. 다양한 말투와 표정으로 표현할 수 있도록 재미있는 등장인물들이 나오는 이야기를 선택한다.

같은 단어와 소리가 반복되어 나오는 이야기는 아기의 흥미를 끌기에 아주 좋다. 운율이 있는 이야기는 돌이 지나 말을 배우는 아이들에게 특히 효과가 있다. 아이들은 운율과 패턴의 변화에 매료되기 때문이다.

아기 운동

아기는 자라면서 고개를 가누고, 뒤집기를 하고, 기어오르고, 걸음을 뗀다. 이때 다치지 않도록 주의하면서 적절한 운동으로 도와주는 것이 필요하다. 운동은 아기의 근육을 강화하고, 신체 조정능력과 제어능력을 높여준다. 아기의 신체기능 발달에 도움을 주는 운동을 알아보자.

자리에 누워 지내던 아기는 3개월쯤 되면 활동량이 늘어난다. 손으로 물건을 잡고 머리를 드는가 하면, 뒤집기를 시도하고 배밀이를 하기도 한다. 이때 엄마 아빠가 도움을 줌으로써 새로운 동작을 시도해볼 수 있는 기회를 제공하는 것이 중요하다.

이렇게 해서 새로운 자세나 동작에 성공하면 칭찬을 해주고 격려한다. 이렇게 하면 아기는 운동을 더 즐거워하게 된다.

다리의 힘이 길러지기 전에 무리해서 아기의 손만 잡고 일으켜 세우려고 해서는 안 된다. 잘못하면 어깨나 다리 관절에 무리가 갈 수 있다. 처음에는 허리나 겨드랑이 등을 잡아줘서 안정적으로 지탱시켜야 한다.

손으로 잡기

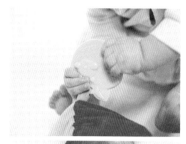

아기의 머리 약간 위에서 딸랑이를 흔들어 눈을 마주치고 하고, 아기에게 가까이 가져가 직접 쥘 수 있도록 한다. 다양한 촉감을 느낄 수 있도록 물렁한 것부터 딱딱한 것까지 손으로 잡는 연습을 하게 한다. 아기의 손이 닿을 만한 곳에 장난감을 두면 아기가 집으려고 하므로 움직임을 발달시키는 데 도움이 된다.

고개 들기

3개월쯤 되어 아기를 엎어놓으면 고개를 치켜들려고 한다. 하지만 목에 힘이 없는 상태에서 잘못하면 머리가 바닥에 파묻혀 위험할 수 있으므로 조심해야 한다. 목의 힘을 길러주기 위해서는 아기를 엎어놓은 상태에서 타월을 돌돌 말아 가슴 밑에 괴어준다. 이렇게 하면 공간이 생기기 때문에 자칫 고개가 떨어져도 위험하지 않다. 아기가 스스로 머리를 들 수 있을 때까지 이렇게 머리와 목을 지탱하는 훈련을 시킨다.

복부 운동

고개 들기에서 한 단계 발전한 운동이다. 아기를 바닥에 엎드리게 한 다음, 아기 앞이나 뒤에서 관심을 끈다. 이렇게 하면 아기는 엄마를 올려다보거나, 엄마를 쳐다보려고 고개를 돌리거나, 엄마를 보기 위해 몸을 일으켜 세우거나, 스스로 몸을 뒤집는다. 아기가 엄마에게 보이는 이런 반응이 아기의 목과 등, 복부 근육을 강화시킨다.

팔과 목 근육 강화

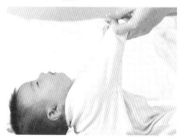

아기를 바닥에 눕힌 다음 아기의 양손을 잡고 살짝 당겨 올린다. 아기 몸이 일으켜지면서 머리와 목에 힘이 들어간다. 이 동작을 훈련하면 아기가 머리와 목을 스스로 들 수 있게 되며, 점차적으로 자신의 동작을 통제하는 데 도움이 된다. 아기와 즐겁게 놀이하듯 운동할 수 있다.

무릎과 허벅지 운동

아기의 다리를 쭉 펴고 발바닥을 엄마의 손바닥으로 눌러준다. 아기의 무릎이 굽혀지면 중간중간 다리를 쭉 펴주면서 반복한다. 이 동작은 무릎을 단련하고 고관절과 엉덩이뼈를 강화하는 데 좋다.

똑바로 서기

10개월 무렵이 되면 아기는 다리에 힘이 생긴다. 이때 걷기 운동을 하면 다리 근육을 강화시키고 성장 발달에도 도움이 된다. 먼저 아기를 일으켜 세운 다음 손을 잡고 천천히 움직여서 한 발짝씩 걸음을 내딛게 한다. 처음에는 겨드랑이를 받쳐서 연습하다가, 다리에 조금 힘이 생기면 손을 잡고 발걸음을 떼게 한다.

아기 놀이

아기는 감각기관이 발달하면서 놀이의 즐거움을 알게 된다. 놀이는 아기를 즐겁게 해줄 뿐만 아니라 잠도 잘 자게 하고 성장 발달에도 도움을 준다. 아기는 놀이를 통해 신체적·정신적으로 성장하고 감각이 발달된다. 엄마 아빠가 시간을 내서 아기의 발달단계에 따른 놀이를 함께 하도록 한다.

장난감은 아기의 정서적 자극을 위한 필수품과도 같다. 아기는 움직이는 물체와 선명한 장난감을 보며 즐거워한다. 생후 2개월 정도 되면 천장에 매달린 모빌을 향해 팔을 버둥대기 시작하고, 3개월 정도 되면 물체를 만져서 느낌을 터득한다. 이때는 손이 닿는 곳에 눈길을 끄는 물건들을 놓아두면 좋다.

색이 선명하고 소리가 나는 장난감은 아기의 흥미를 끈다. 버튼을 누르거나 레버를 당기는 장난감은 손의 협응력을 길러주고 원인과 결과에 대해 배울 수 있게 한다. 놀이의 즐거움을 알게 되는 시기에 아기가 만족감을 느낄 수 있도록 충분히 놀아주도록 한다.

장난감 고르기

장난감을 고를 때는 제품에 적힌 설명을 참고해 개월 수에 맞는 장난감을 선택한다. 장난감은 아기의 오감을 자극할 수 있는 것이 좋다. 시각, 청각, 촉각, 미각, 후각 중에서 두 가지 이상의 감각을 느낄 수 있는 것으로 고른다. 만져서 촉감을 느낄 수 있는 책이나 향기가 나는 장난감이 이런 종류다.

아기는 위험을 인지하는 능력이 부족하기 때문에 모서리가 날카로운 것이나 부서지기 쉬운 장난감은 피해야 한다. 아기가 다룰 수 있을 만큼 가볍고 입에 넣어도 안전한 것이어야 한다. 특히 생후 5개월이면 아무거나 입에 넣으려고 하므로 작은 조각은 피해야 한다.

천으로 까꿍 놀이를 한다

천이나 얇은 이불도 장난감이 될 수 있다. 보이지 않아도 여전히 뭔가 존재한다는 사실을 이해하게 되는 시기가 되면 아기는 까꿍 놀이를 즐긴다. 아기가 좋아하는 장난감을 천으로 덮었다가 걷어보자. 이 놀이는 대상에 대한 영속성을 길러준다.

갓 태어난 아기

모빌 | 모빌을 아기 손에 닿지 않도록 아기침대에서 30~40cm 정도 위에 매달아 준다. 아기는 처음 몇 주 동안은 물체를 또렷하게 인식하지 못하고 검은색과 흰색 물체에 더 잘 반응하므로 흑백 모빌이 낫다.

음악 | 아기에게 음악을 들려준다. 아기들은 자장가처럼 음정이 높고 차분하며 선율 있는 음악을 가장 잘 인식한다.

생후 2~6개월

모빌 | 생후 2~3개월 무렵부터 색깔을 인식하기 시작해서 6개월이 되면 색깔을 구별하고 복잡한 모양을 식별할 수 있게 된다. 시각 발달을 돕기 위해 독특한 모양이나 밝은색의 모빌을 매달아주면 좋다.

딸랑이 · 소리 나는 장난감 | 아기가 물체를 잡을 수 있는 능력이 생기면 작은 장난감을 줘서 손에 쥐게 한다. 방울이나 딸랑이같이 소리 나는 장난감이 좋다. 흔들었을 때 소리가 나는 장난감은 인과관계의 원칙을 가르쳐주고 청각을 발달시킨다. 이왕이면 색이 선명하고 만져서 질감을 느낄 수 있는 것이면 좋다.

책 | 아기가 모든 감각을 활용해 학습할 수 있는 책을 준다. 아기가 갖고 놀기 좋은 것으로는 보드북이나 헝겊 또는 나무로 된 책이 있다. 모두 아기에게 읽는 흥미를 길러주기에 좋은 도구들이다. 아기가 책을 눈으로 보든, 촉감으로 느끼든, 물어뜯든 마음대로 가지고 놀도록 둔다.

거울 | 깨질 염려가 없는 플라스틱으로 된 거울을 보며 표정을 관찰하게 한다. 좀 더 자라면 거울에 비친 자기 모습에 흥미를 느끼고 손가락으로 가리키기도 한다. 엄마와 마주 보고 엄마의 표정을 따라 하게 해도 좋다. 혀를 내밀거나 입을 크게 벌렸다 다물거나 하면 아기도 똑같이 따라 한다.

생후 7~12개월

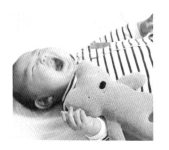

공 | 공은 아기가 좋아하는 최고의 놀잇감이다. 아기가 물고 빨 수도 있으므로 환경호르몬이 나오지 않는 재질의 헝겊으로 된 공을 장난감으로 준비한다. 12개월이 되면 굴리고 던질 수 있다.

블록 | 나무 블록이나 플라스틱 블록을 갖고 놀게 한다. 받침대에 맞게 끼워 넣을 수도 있고 하나하나 쌓아 올릴 수도 있다. 아기들은 대개 블록을 쌓기보다 무너뜨리기를 좋아하는데, 이는 정상적인 행동이다.

봉제 인형 | 부드러운 천으로 된 곰 인형이나 사람 인형, 갖가지 동물 인형은 아기를 정서적으로 편안하게 한다.

목욕 장난감 | 목욕할 때 장난감을 갖고 놀게 한다. 물 위에 띄울 수 있고 물을 담거나 뿌릴 수 있는 장난감, 또는 욕조 옆면에 붙일 수 있는 고무 장난감을 주면 아기가 즐겁게 목욕할 수 있다.

아빠와 놀기

아기는 아빠가 함께 놀아주는 것을 좋아한다. 아빠가 목말을 태워주거나 번쩍 들어 올리고 빙빙 돌려주면 아기는 까르르 웃으며 신이 난다. 몸을 이용한 아빠와의 신체놀이는 아기의 성장 발달에 좋은 자극이 되고 아빠와 아기의 관계를 더욱 친밀하게 만들어주는 효과가 있다.

아기는 생후 3개월쯤 되면 낯가림이 심해져서 자신을 돌봐주는 사람에게 애착을 느끼고 낯선 사람을 보면 울음을 터뜨린다. 이 시기에 엄마에게 강한 애착을 보이는 것은 아기의 거의 모든 시간을 엄마가 함께하며 돌봐주기 때문이다. 이때 아빠가 적극적으로 육아에 참여하면 아빠에 대한 애정이 깊게 형성될 수 있다.

아기들은 아빠와의 놀이에 더욱 호기심과 재미를 느낀다. 아빠가 좋은 놀이 친구가 되어주면 아기는 정서적으로 안정되고 사회성이 발달하며 잠재능력이 계발된다. 아빠가 아기와 공놀이를 하거나 책을 읽어주거나, 무동을 태워주는 등 아기와 노는 시간을 가지면 아기는 행복감을 느낄 뿐 아니라 정신적·신체적으로 성숙하게 된다.

아기는 아빠와의 신체놀이를 통해 성장한다

같은 놀이라 해도 아빠가 놀아주는 것과 엄마가 놀아주는 것은 차이가 있다. 아빠와의 놀이는 활동적이다. 엄마는 장난감을 많이 활용하는 반면 아빠는 자신의 몸을 이용해 아기와 몸을 직접 부딪치면서 놀아주는 경향이 있다. 엄마에게 안겨 있을 때와는 또 다른 즐거움을 느끼게 된다.

아빠와 신체 활동을 하면서 노는 것은 아기의 성장 발달에 큰 도움을 준다. 신나고 활동적인 '아빠와 놀기'는 신체적·정신적인 발달을 돕고 놀이를 통한 상호작용으로 사회성까지 발달시킨다.

아빠의 허벅지에 배를 대고 엎드리게 하거나, 바닥에 등을 대고 눕게 하거나, 침대에 한쪽으로 돌아눕게 하거나, 똑바른 자세로 아빠의 어깨에 올려놓아 본다. 머리 위로 아기를 높이 들면 움직임과 중력으로 새롭고 신나는 느낌을 경험하게 될 뿐만 아니라, 높은 위치에서 세상을 보는 시각도 갖게 될 것이다. 아기가 새로운 느낌을 경험할 때마다 계속 지켜보도록 하자.

만세 부르기 (생후 2 ~ 10개월)

이 놀이는 어깨 힘을 기르는 데 도움이 되며 아기들이 무척 좋아한다.

1 아기를 눕힌 채 아기의 팔을 잡고 머리 위로 올려 "만세!"라고 말한 다음 아기의 팔을 제자리에 내려놓는다.

2 아빠가 자기 팔을 머리 위로 올리면서 "만세!"라고 말해서 아기가 아빠를 따라 팔을 머리 위에 올리게 한다.

3 앉기 시작할 무렵부터는 아빠 무릎에 앉힌 채 팔을 올려 만세 놀이를 한다.

비행기 타기 (생후 6 ~ 12개월)

아기의 배와 등 근육을 강화시켜주는 스트레칭이다. 온몸을 쭉 뻗게 함으로써 평형감각을 기를 수 있다. 아기의 개월 수에 따라 흔들기를 조정한다.

1 아빠가 바닥에 누워 무릎이 바닥에서 직각이 되게 구부린다.

2 아기를 마주 보고 안아 올려서 아기의 가슴을 구부린 무릎 위에 올려놓는다.

3 아기의 양팔을 아빠의 양손으로 잡아 날개 펴듯이 쭉 펼친다.

4 무릎을 앞뒤, 좌우로 왔다 갔다 하면서 비행기 소리를 낸다.

무동 태우기 (생후 6개월 이상)

아빠 목에 올라탄 채 높은 곳에 올라가 천장도 손으로 짚어보고, 천장에 걸린 모빌도 만져보고, 자신의 모습을 거울로 비춰보게 한다. 무동 타기는 신나면서도 무서울 수 있는데, 아빠가 안전하게 잡아줌으로써 아기는 아빠에 대한 무한 신뢰를 경험하게 된다.

1 아기를 뒤에서 번쩍 들어 올린다.

2 아빠 목 뒤로 올려서 목에 아기를 앉혀 놓는다.

3 아기의 두 손을 아빠의 양손으로 잡고 이곳저곳 옮겨 다니며 바라보게 한다.

아빠와 함께 걷기 (생후 10~12개월)

아빠의 발등 위에 아기의 발을 올려놓고 걸어보는 놀이다. 눈과 발의 협응력, 균형감각을 키워준다.

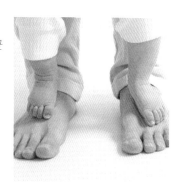

1 아기를 일으켜 세운다.

2 아빠와 같은 방향으로 서게 한 다음 아기의 양발을 아빠 발 위에 올려놓는다.

3 "걸음마, 걸음마" 하면서 한 발짝씩 걸음을 뗀다.

4 마주 보게 세운 다음 아빠가 뒷걸음질 치며 발짝을 떼어도 된다.

아기와 함께 외출하기

생후 2~3개월 무렵부터는 아기에게 외기욕을 시키는 것이 좋다. 바깥바람을 쐬는 것은 아기의 피부뿐
아니라 호흡기에도 좋은 자극이 되고 엄마에게는 기분전환이 될 수 있다. 아기의 컨디션이 좋다면 날씨
좋은 날을 택해 잠깐씩 외출을 해보자. 아기가 잘 적응한다면 조금씩 시간을 늘려가도록 한다.

아기는 언제부터 외출이 가능할까?

아기의 첫 외출은 각자의 컨디션과 계절에 따라 조금씩 다르다. 신생아는 면역력이 약하고 체온 조절이 자유롭지 못
하기 때문에 너무 일찍 외출을 시작하는 것은 권장하지 않는다. 하지만 2개월 이전의 아기라도 예방 접종 때문에 외
출을 해야 하는 경우가 있다.

가볍게 잠깐씩 하는 외출은 아기의 신체 발달에 도움이 된다. 바깥공기를 마시며 면역력을 높일 수 있고 햇볕을
쐬는 것만으로 부족한 비타민 D를 보충할 수 있기 때문이다.

생후 2~3개월부터는 햇살 좋은 날 하루 한 번씩 시간을 정해 일광욕을 시작해도 좋다. 가능하면 오전이나 늦은
오후가 좋고 햇빛이 강한 오후 2~4시대는 피한다. 생후 4개월 이후부터는 본격적인 외출이 가능하지만 아직 저항력
이 약하기 때문에 장시간 외출은 자제한다. 이동 거리가 먼 1박 이상의 여행은 생후 6개월 이후부터가 적당하다.

외출을 통해 세상 경험을 한다

외출할 때는 준비를 철저히 하고 계절과 날씨에 맞는 옷을 입힌다. 아
기는 체온 조절 능력이 떨어지기 때문에 엄마보다 옷을 한 겹 더 입힌
다. 날씨 변화에 대처하기 위해 옷이나 담요를 챙기면 좋다. 그밖에도
외출할 때 필요한 물건을 빈틈없이 갖춰서 미리 준비해둔다.

외출 장소는 다양하게 선택한다. 하루는 공원에 가고 다음 날은 쇼
핑을 가는 식으로 세상 경험을 시킨다. 신생아 때는 사람이 많은 장소
나 복잡한 대중교통을 피하고 차가 밀리는 시간대에 외출은 자제한다.
날씨가 아주 춥거나 비바람이 세찬 경우가 아니라면 웬만한 날씨에는
외출을 미룰 필요는 없다. 아기는 다양한 기후도 경험하는 것이 좋다.
아기에게 바람과 햇빛도 느끼게 하고, 우산에 떨어지는 빗소리를 들려
주고, 눈으로 하얗게 바뀐 세상의 모습도 보여준다.

아기와 어떻게 놀아줘야 할지 모르는 아빠라면 아기를 데리고 외출하기를 시도해보는 것은 어떨까? 아기와 외출하기는 특별히 요령이 필요한 것이 아니므로 가장 간단하게 실천할 수 있는 방법이다.

우선 집 주변 공원이나 가까운 슈퍼마켓에 유모차를 끌고 나가보자. 잠깐 동안의 외출이라면 아기 보온에 신경 써서 날씨에 맞는 옷만 챙겨 입히면 된다. 아빠와 외출을 하면서 아기는 아빠라는 안정된 울타리 안에서 새로운 세상을 바라보며 호기심을 충족시킬 수 있고, 아기는 아빠와 대화하는 법을 배울 수 있다.

1 유모차를 이용한다

유모차는 아기를 데리고 이동하기에 좋은 수단이다. 유모차를 고를 때는 이동성과 편안함을 고려해야 한다. 운전을 주로 한다면 조립과 해체가 쉬우며 자동차 트렁크에 들어갈 수 있는 휴대용 유모차를 고른다. 햇빛 가리개가 있으면 좋고, 쇼핑용 바구니가 달린 것도 유용하다. 요즘에는 카시트 겸용 유모차가 있어 다용도로 활용할 수 있다.

2 가벼운 외출에는 아기띠가 편리하다

아기를 데리고 외출을 할 때 아기띠를 사용하면 편리하다. 아기띠를 고를 때는 아기뿐만 아니라 엄마 아빠에게도 편리한지 고려해서 선택한다. 아기띠는 앞으로 안게 된 것과 어깨 또는 몸통에 크로스 형으로 묶도록 된 것, 백팩 스타일로 된 것이 있다. 목을 가누기 전에는 부모가 가슴으로 아기를 지탱할 수 있도록 앞으로 안을 수 있게 된 아기띠를 사용하고, 좀 더 자라면 크로스 형이나 백팩 스타일도 괜찮다.

3 체온 유지에 신경 쓴다

아기는 체온 조절 능력이 떨어진다. 특히 겨울철에 저체온 상태에 놓이기 쉬운 만큼 지나치게 추운 날에는 집에 머무는 것이 좋다. 부득이하게 외출해야 할 경우엔 옷을 여러 벌 입혀서 보온에 신경 쓰고 양말과 모자를 준비한다.

4 직사광선과 미세먼지를 피한다

피부가 연약한 아기는 햇빛에도 피부가 손상될 수 있다. 가능하면 햇빛이 강하지 않은 오전 시간대에 외출하고 모자를 씌우거나 가리개를 이용해 직사광선에 직접적으로 노출되지 않도록 한다. 미세먼지 농도가 높은 날에는 호흡기 질환에 걸릴 위험이 높아지므로 외출을 삼간다.

신생아를 차에 태울 때 주의할 점

아기를 차에 태울 때는 차 안과 밖의 온도 차이가 크지 않도록 신경 쓴다. 아기는 온도에 대한 석응력이 아주 약하기 때문에 잘못하면 작은 온도차에도 감기에 걸릴 수 있기 때문이다.

아기를 차에 태우고 이동하려면 아기의 몸집에 맞게 제작된 전용 카시트가 필요하다. 아기의 체중에 맞는 것을 선택한다. 카시트는 뒷좌석에 장착하는 것이 가장 안전하다. 특히 신생아 카시트는 승용차의 뒷자리에 뒤를 보게 고정하는 것이 좋고, 에어백이 있는 자리에는 아기용 카시트를 설치하지 않는다.

CHAPTER 7

아기 환경 만들어주기

아기가 건강하게 자라기 위해서는 환경이 중요합니다. 쾌적한 수면이 유지되도록 아기침대와 침구, 관련 용품을 잘 갖춰서 아기가 편히 지낼 수 있게 해주세요. 아기는 어른과 달리 체온 조절이 미숙하므로 급격한 온도 변화가 없도록 하고 아기방의 온도 조절에 신경 써서 쾌적한 환경을 만들어주세요.

PART 1

아기방 준비하기

아기의 방은 아기가 편히 지낼 수 있게 되어있어야 한다. 자고, 먹고, 배설하고, 옷을 갈아입는 것까지 한 곳에서 이루어지기 때문에 청결이 무엇보다 중요하다. 따로 준비된 아기만의 방이든 엄마 아빠와 함께 생활하는 곳이든 아기가 편히 지낼 수 있는 공간으로 만들어준다.

잠자리는 아기방에서 가장 중요한 공간이므로 신경 써서 꾸며준다. 처음부터 아기방에서 따로 재우려면 아기방에 아기침대를 놓아준다. 아기방을 따로 만들 여건이 안 된다면 부부 침실에 아기침대를 놓아줘도 된다. 부부 침실 한쪽에 아기침대를 놓고 아기용 공간을 꾸며준다.

　갓 태어난 아기를 부부 침대에서 데리고 자는 경우도 있는데, 갓난아기를 엄마 아빠 사이에서 재우면 부모가 가드레일 역할을 하기 때문에 가장 안전하다. 어른 침대는 매트리스가 너무 푹신하면 위험할 수 있으니 주의한다. 단, 아기를 엄마 아빠 사이에 재울 때는 아기와의 거리를 넉넉히 두어야 한다.

아기 잠자리 마련할 때 주의할 점

아기침대를 둘 때는 될 수 있는 대로 방문 쪽은 피한다. 방문 쪽은 온도 변화가 크고 문을 여닫으면서 진동이 생길 수 있기 때문이다. 에어컨이나 히터, 창문 옆도 아기침대를 두기에 적당치 않다. 냉난방기의 바람이 직접 닿는 곳이나 기기 바로 옆, 창문 옆은 온도 차가 심하므로 피해야 한다. 아기도 가까이 가지 않도록 안전에 신경 쓴다.

　텔레비전 옆이나 오디오 스피커 근처 역시 안 좋다. 텔레비전이나 음악 소리가 시끄러우면 아기들을 불안해한다. 깜짝 깜짝 놀라기도 하고 잠을 잘 이루지 못한다.

아기침대는 아기방에서 가장 중요한 물건이다. 아기침대의 위치는 안전한지, 편안한지, 접근하기 쉬운지 고려해서 선택한다. 침대 난간은 살 사이의 공간 폭이 6~7cm 이하여야 한다. 난간의 높이는 매트리스로부터 최소한 66cm 이상 올라와야 한다. 아기용 매트리스는 너무 두껍고 푹신하면 무호흡 위험이 있으므로 피한다.

태어난 지 몇 개월 된 아기들을 위한 이동식 침대를 사용해도 좋다. 이동식 침대는 휴대가 가능하다는 점에서 많은 부모들이 선호한다. 아기 바구니나 흔들침대 같은 것이 대표적인 이동식 침대. 침대가 없을 경우 아기 매트나 요를 준비하도록 한다. 아기침대를 선택할 때 가장 중요하게 고려해야 할 3가지는 다음과 같다.

안전성 | 냉온풍기 근처나 창문 근처, 줄이 늘어뜨려진 곳, 액자나 전등처럼 떨어질 위험이 있는 물건 아래 두지 않는다
편안함 | 아기침대를 방 한쪽 구석에 두면 아기가 안정감을 느낀다. 직사광선을 피해서 안쪽에 위치하도록 한다.
접근성 | 방문을 열어두었을 때 아기침대가 보이는 위치에 둔다. 부모가 밖에서 아기의 상태를 한눈에 확인할 수 있다.

기저귀 교환대

출산 후 아기엄마들은 아기 기저귀를 갈 때 몸을 구부리게 돼서 허리에 무리가 가기 쉽다. 아기침대에서 갈려고 해도 높이가 애매해서 허리가 아프다. 이럴 때 기저귀 교환대가 있으면 좋다. 80cm 정도 높이에서 기저귀를 갈 수 있어 허리를 굽힐 일이 없고 기저귀 용품들을 한 곳에 보관하면서 관리하기 좋다. 기저귀뿐만 아니라 옷을 갈아입힐 때도 편리하다. 다만 기저귀 교환대를 사용할 때는 눕힌 채 한눈을 팔면 떨어지기 쉬우므로 조심한다.

아기 서랍장

아기에게 필요한 모든 것들을 저장하는 공간도 필요하다. 여기에는 장난감부터 다양한 용품들이 해당된다. 아기가 성장하면서 관련 물품들이 늘어난다는 점을 생각하면 이러한 저장 공간을 별도로 비치하는 것이 필수적이다. 공간이 협소하다면 아기침대 밑에 밀어 넣을 수 있도록 높이가 낮은 장난감 상자를 사용한다.

식탁 의자

아기가 이유식을 시작할 때는 식탁의자에 앉히는 것이 좋다. 어른 식탁 한쪽에 아기용 식탁의자를 놓기도 하지만 신생아 때는 방에서 모든 것이 다 이루어지므로 아기방 한쪽에 두어도 좋다. 무엇보다 안전이 중요하므로 벨트로 아기를 잘 묶어주는지 확인하고, 흔들어도 옆으로 쓰러지지 않는 것으로 고른다.

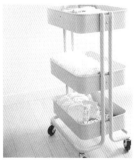

트롤리

3단으로 된 트롤리는 아기용품을 정리하는 데 유용한 소가구다. 기저귀, 물티슈와 가제 수건, 갈아입힐 속옷 등을 칸칸이 정리할 수 있다. 바퀴가 달려있어 집 안에서 쉽게 이동하며 쓸 수 있다는 것도 장점이다.

아기방에 필요한 육아용품

아기가 자라면서 아기방에 갖춰두면 요긴한 육아용품들이 있다. 적절한 시기에 적절한 육아용품을 사용하면 아기의 성장과 두뇌 발달에 도움이 되고 아기 돌보기도 수월하다. 육아용품을 고를 때는 기능성을 먼저 고려하되 위생적이고 튼튼한지, 안전에는 문제가 없는지 잘 살핀다.

아기방을 꾸밀 때는 침대나 가구 외에 육아용품을 갖춰둔다. 신생아 때는 발육기구부터 보조기구까지 다양한 육아용품들이 필요하다. 아기방에 갖춰두면 좋은 육아용품으로는 바운서, 아기체육관, 보행기 등이 있다.

　육아용품은 처음부터 모든 종류를 갖춰놓을 필요는 없다. 아기가 성장함에 따라 필요하면 구입하거나 대여하는 방법을 생각한다. 육아용품을 구입할 때는 먼저 성장 단계에 따라 필요한지 고려한 뒤 아기에게 안전하고 위생적인지, 제품은 튼튼한지 살펴본다. 육아용품은 아기의 두뇌와 감각 발달에 도움을 주며 엄마의 일손도 한결 덜어줄 수 있으므로 신중히 선택한다.

갖춰두면 좋은 육아용품

바운서

한창 엄마 손을 탈 때는 엄마가 손에서 내려놓기만 하면 우는 아기들이 있다. 한시도 엄마 품에서 떠나지 않으려는 아기 때문에 힘들다면 바운서에 맡겨보는 것도 괜찮다. 바운서는 아기가 앉거나 누운 상태로 앞뒤로 부드럽게 진동을 해서 편안하게 잘 수 있게 도움을 주는 흔들침대의 일종이다. 요즘 나오는 바운서는 위에 모빌이 달려있어 아기가 깨어 있을 때도 지루하지 않게 놀 수 있다.

　울던 아기도 바운서에 앉혀놓으면 앞에 달린 장난감을 보며 잘 놀기도 하고 잠을 안 자는 아기들도 바운서에서는 푹 잔다. 하지만 바운서의 진동기능은 아기 뇌에 영향을 줄 수 있고, 아직 목을 가눌 수 없는 아기들의 경우 척추에 좋지 않은 영향을 줄 수 있다. 그래서 전문가들은 최소 50일~2개월 무렵부터 사용하기를 권한다.

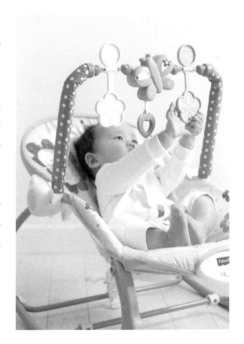

흔들침대

아기용 안락의자로 등받이의 각도를 조절해 침대처럼 사용하기도 하고 의자처럼 앉아있을 수도 있다. 낮잠 잘 때나 혼자 놀 때, 이유식을 먹기 위한 식탁 등 다용도로 사용한다. 바운서와 비슷하지만 위에 모빌이 달려있지 않다. 흔들침대를 구입할 때는 등받이가 탄탄한지, 모양이 뒤틀리지 않고 균형이 잡혀 있는지 확인한다.

아기바구니

휴대용 아기침대로 배시네트라고도 하며 3개월 이내의 신생아기에 사용한다. 아기를 눕힌 채로 이동할 수 있어 편리하다. 아기용품매장에서 따로 구입해도 되지만 커다란 바구니에 쿠션이나 담요 등을 채워서 사용해도 된다. 아기바구니는 견고하면서도 모서리 공간에 빈틈이 없는 것이 좋다.

아기 의자

누워 있기만 하던 아기의 목과 허리에 조금씩 힘이 생기면서 엄마는 아기 의자를 찾게 된다. 아기들은 아기 의자에 의지해 앉아있으면서 누워 있던 때와는 다른 시점의 세상을 만난다 바른 자세로 앉아 이유식 먹는 훈련을 할 수 있어 올바른 식습관을 갖는 데도 도움이 된다.

　아기가 처음으로 사용하게 될 아기 의자는 허리를 지지해주는 범보의자와 부스터 두 종류가 있다. 목만 가누면 사용할 수 있는 이 의자의 경우 아기의 척추 건강을 위해 아기의 척추가 휘지 않고 바른 자세를 유지할 수 있는 제품을 선택한다. 무엇보다 아기에게 딱 맞는 사이즈를 고르는 것이 좋다.

유아 식탁 의자

이유식을 시작할 무렵인 생후 6개월부터는 범보의자나 부스터 대신 식탁의자를 사용하는 것이 좋다. 아기가 정해진 자리에서 규칙적인 식사를 하며 올바른 식습관을 갖는 데 도움이 된다. 식탁 의자는 생후 5개월 정도에 그릇과 숟가락을 이용해서 이유식을 먹기 시작하면 필수적으로 갖춰야 할 육아용품이다. 유아 식탁 의자는 의자의 높이와 등받이 조절이 가능하게 제작된 제품을 선택하는 것이 좋다.

아기체육관

놀이를 통한 자연스러운 학습과 운동신경 발달에 도움을 주는 육아용품이다. 시각, 청각, 촉감을 자극할 수 있으며, 성장에 따라 놀이 모드를 변화시켜 아기의 대·소근육과 운동감각 발달에 도움을 준다. 누워서 노는 종류부터 앉아서 노는 종류까지 제품이 다양하다. 6개월 이후부터는 운동성과 창조성을 키우기 위해 다양한 자세로 가지고 놀 수 있는 장난감을 활용한다.

보행기

아기의 다리에 힘을 길러줘서 걸음마 하는 데 도움을 준다. 바퀴가 달려있어 아기의 의지대로 움직이므로 두뇌 발달에도 효과가 있다. 시트는 안정성이 있는지, 견고한지, 바퀴에는 이상이 없는지 확인한다.

아기 침구 선택하기

거의 모든 시간을 누워서 보내는 신생아에게 이부자리는 매우 중요하다. 아기는 면역력이 약하므로 침구에 특히 신경 써야 한다. 아기의 침구는 천연 소재를 사용한 것으로 화학 성분이 함유되지 않은 것을 선택한다. 매트리스와 이불, 겉싸개와 속싸개, 베개 등 아기 침구 선택 요령을 알아본다.

성장기 아이가 잠을 잘 자야 쑥쑥 크는 것처럼 신생아 역시 수면 환경이 좋아야 건강하게 잘 자란다. 잠을 잘 자는 아기일수록 성장 속도가 빠르고 병치레 없이 튼튼하다. 아기가 잠든 동안 성장 호르몬이 다량 분비되어 키가 커지고 두뇌가 발달하며 면역력이 높아지기 때문이다.

아기가 잠을 잘 자려면 잠자리를 편안하게 해줘야 한다. 기본적으로 갖춰야 할 침구류로는 이불과 요, 매트리스, 속싸개, 겉싸개, 베개가 있다. 담요와 방수요도 갖춰두면 편리하다.

아기 침구를 구입할 때는 천연 소재를 사용한 제품인지를 가장 먼저 확인해야 한다. 이불이나 요, 베개에 합성 소재가 사용되지 않는지, 형광물질이 함유되지 않았는지 꼼꼼히 살펴보고 구입한다.

아기 침구 고르는 요령

아기 이불

이불은 두꺼운 것과 얇은 것을 준비해 계절에 따라, 아침저녁 온도 차에 따라서 두께를 조절해준다. 여름엔 아기가 이불을 걷어차 배앓이를 하고, 겨울엔 더운 실내 온도 때문에 땀이 식어 감기에 걸리기 쉬우므로 계절과 기온에 맞게 준비한다.

아기 이불을 구입할 때는 커버뿐만 아니라 이불 보충제에도 유해 성분이 없는지 살펴봐야 한다. 항균 및 살균 작용을 갖췄는지, 흡습성은 높은지도 확인한다.

아기 요

요는 아기 키보다 30~50cm가량 여유 있는 것으로 길이 120cm에 폭 70cm 정도가 적당하다. 두께는 적당히 두툼해야 보온을 유지할 수 있다. 다만 지나치게 푹신한 것은 유아 돌연사증후군의 위험이 있으므로 피한다. 아기침대를 사용하거나 부모 침대에 함께 재울 때는 두툼한 요 대신 얇은 패드나 담요를 깔아준다.

아기의 대소변이 묻거나 젖을 토할 수도 있으므로 세탁과 손질이 간편한 것이 좋다. 방수요를 구입해야 할 경우라면 아기 피부에 해가 되지 않도록 겉면에 면을 접착한 제품을 고른다. 방수요는 신생아 때보다는 기저귀를 뗄 때 요긴하게 사용된다.

속싸개와 겉싸개

아기가 태어나면 한동안 속싸개로 감싸줘야 한다. 엄마 배 속에 있을 때처럼 안정감을 주고, 이불이나 타월처럼 두루 사용할 수 있어 좋다. 여기에 외출복이자 이불의 역할도 하는 겉싸개까지 함께 준비하면 안성맞춤이 된다. 신생아 침구는 의류와 마찬가지로 소재가 매우 중요하다. 겉싸개는 보낭이라고도 하며 단추나 지퍼가 달려있어 편리하다.

수건이나 담요

아기에게는 이불이나 요보다 훨씬 다용도로 쓰이는 것이 담요나 커다란 목욕 타월이다. 신생아는 체온 조절 기능이 미숙해 비교적 따뜻한 날씨에도 얇은 이불을 덮어줘야 한다. 이때 적당한 것이 타월이다. 갓 태어난 아기는 타월로 감싸주면 안정감이 들어 잠을 잘 잔다.

다양한 종류의 아기 베개

거의 모든 시간을 누워서 지내야 하는 갓난아기는 머리에 땀과 열이 많이 난다. 아기용 베개는 땀을 잘 흡수하는 순면 재질을 선택한다. 머리에 열이 많은 아기라면 통풍이 잘돼 편안한 숙면을 돕는 좁쌀 베개나 메밀 베개, 참숯 베개가 좋다. 뒤통수를 예쁘게 만들어주는 짱구 베개도 있다. 여름엔 머리에 땀띠가 날 수 있으니 베개를 자주 갈아주는 것이 좋다.

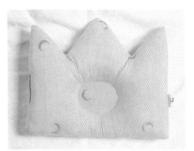

활용도 높은 유아 매트 고르는 법

아기 침구 중 가장 오래 쓰는 제품은 단연 매트다. 신생아부터 초등학생까지 아이가 눕고 뒹굴고 뛰어놀 수 있어 활용도가 높다. 유아 매트는 종류가 워낙 많으므로 꼼꼼하게 비교해보고 선택하는 것이 좋다.

1 색채 발달에 도움을 줄 수 있는 것으로 고른다

집안의 분위기와 잘 맞되 아이의 색채 발달에 도움을 줄 수 있는 것으로 고른다.

2 소재와 원단을 확인한다

아기가 하루 종일 생활을 하는 매트는 손으로 만지고 주워 먹는 등 아기의 위생과 직결된다. 환경호르몬이 없고 친환경 소재로 만든 매트를 선택한다.

3 소음 차단 기능이 있는 것이 좋다

유아 매트는 아기가 뒤집기를 하고, 배밀이를 하며, 걷고 뛸 때까지 모든 단계를 거치면서 아기를 안전하게 보호하는 기능을 한다. 푹신하고 편안하며 복원력이 좋은 것, 소음방지 기능이 있는 것을 고른다.

쾌적한 환경 만들어주기

갓난아기는 신체기능이 덜 발달되어있고 체온 조절 능력이 미숙하기 때문에 실내 온도를 일정하게 유지해줘야 한다. 건조하거나 습해도, 급격한 온도 변화가 있어도 아기는 불편하다. 온도와 습도 조절을 잘해서 쾌적한 환경을 만들어주고, 빛 조절은 물론 소음 체크도 하고 환기 문제도 살펴야 한다.

갓난아기는 스스로 환경에 적응할 수 있는 힘이 약하므로 아기가 지내기 좋게 쾌적한 환경을 만들어줘야 한다. 아기에게 쾌적한 환경을 만들어준다는 것은 잠을 잘 잘 수 있게 해주는 것이다. 그러기 위해서는 아기방 온도와 습도 조절을 잘하고, 환기도 잘 시켜야 하며, 빛 조절을 알맞게 해주고 시끄럽지 않게 잠자리 정리를 해주어야 한다.

　어른들과 달리 더위나 추위를 참는 것은 아기들에게는 더 어렵다. 체온 조절이 미숙할 뿐 아니라 한 겹 더 입거나 벗는 일도 마음대로 할 수 없기 때문이다. 건조하거나 습해도, 급격한 온도의 변화가 있어도 아기는 불편하다. 온도 조절을 잘해서 쾌적한 환경을 만들어주도록 하자.

아기의 체온은 옷과 이불로 조절한다

아기방이라고 특별히 온도가 높아야 하는 것은 아니다. 땀을 흘릴 정도로 더운 것은 오히려 해롭다. 어른이 느끼기에 활동에 지장이 없을 정도로 따뜻하면 된다. 나머지는 옷으로 조절해준다. 봄가을에는 적당한 두께의 옷을 입힌다. 여름에는 짧은 속옷이나 여름용 얇은 옷 한 장으로 충분하다. 냉방을 해서 실내 온도를 23~24℃로 조절해두었다면 타월이불을 한 장 덮어주면 된다.

　아기가 더워하는지 추워하는지 그때마다 체온을 잴 수는 없으므로 등에 손을 넣어봐서 땀을 흘리고 있거나 축축한 정도라면 옷을 한 장 벗긴다. 다리나 몸을 만져봐서 차가우면 옷을 한 장 더 입히거나 이불을 덮어준다.

쾌적한 환경 만들어주기

요즘은 미세먼지와 황사, 공기 오염 등으로 공기청정기가 아기 키우는 집에서는 필수품이 되어버렸다. 하지만 공기청정기만으로 청결하고 쾌적한 환경을 만들 수는 없다. 하루에 한 번 청소기로 먼지를 제거하고 걸레 또는 물휴지로 구석구석 닦아줘야 한다. 청소할 때는 아기를 다른 방에 안전하게 뉘어놓고 청소를 마친 뒤 환기를 잘 시켜놓고 다시 아기를 옮긴다.

아기의 호흡기 건강을 위해서 먼지가 많이 나는 물건은 치워버린다. 털이 날리는 인형이나 두툼한 카펫은 먼지가 많이 날 뿐 아니라 깨끗이 털어내기도 힘들다. 이런 물건은 아기 곁에 두지 말고 치우거나 창고에 보관해둔다. 매일 사용해야 하는 아기 이불은 사용하지 않을 때는 개어두고, 매트리스나 요는 볕에 자주 널어준다.

촉촉한 습도 맞추어주기

습한 장마철이나 난방으로 건조한 겨울에는 온도 못지않게 습도를 맞춰주는 것도 중요하다. 습도가 맞지 않으면 아기의 피부질환을 유발할 수 있다. 실내 습도는 50% 정도가 적절하다. 가습기는 겨울철 실내 습도를 조절해서 쾌적한 실내환경을 조성하고 호흡기 질환을 예방해주는 필수 가전이다.

가습기를 사용할 때는 청결하게 관리하는 것이 필수적이다. 물통과 수증기 분출구 등에 세균이 번식하기 쉬우므로 자주 세척해서 위생적으로 관리한다. 가열식 가습기는 고온의 수증기가 분출되어 안전사고의 우려가 있으니 아기 손이 닿지 않는 곳에 두는 것이 좋다.

미세먼지로부터 우리 아이 지키기

집 안에만 있는 아기라도 미세먼지로부터 안전하지 않다. 외출에서 돌아온 다른 가족들로부터 미세먼지를 접하기 쉽고, 애완동물이나 카펫에서 털이나 먼지가 날릴 수도 있다. 아기가 있는 집이라면 외출 후 손 씻기와 옷 털기 등을 실천해야 한다. 미세먼지에는 중금속 성분이 들어있어 바닥에 잘 가라앉는다. 공기청정기가 있더라도 바닥의 물걸레질을 자주 해주고, 선인장이나 산세베리아 등 공기정화 식물을 두어 자연정화가 되도록 한다.

가습기와 공기청정기, 에이워셔

에어워셔는 필터 역할을 하는 물이 실내공기를 정화시켜주는 방식이다. 물을 사용하기 때문에 가습과 공기청정 효과를 볼 수 있다. 공기청정기와 가습기를 함께 사용하면 오히려 공기에 좋지 않다는 사실이 알려진 후 갓난아기를 키우는 집에서는 에어워셔를 사용하는 경우가 많아졌다.

CHAPTER 8

아기가 아플 때

아기를 키우다 보면 마음을 졸일 때가 많아요. 갓난아기는 신체 전반적인 기능이 아직 미숙하므로 그 어느 시기보다 조심해서 보살펴야 합니다. 아기가 아프거나 걱정되는 증상이 나타날 때 어떻게 돌봐야 할지, 응급 상황에는 어떻게 대처해야 할지 알아두었다가 신속하고도 적절히 대처하는 것이 중요합니다.

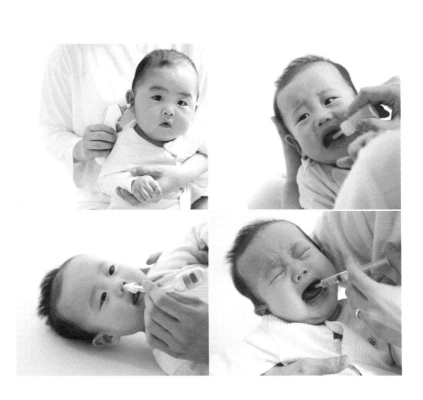

병을 알리는 아기의 신호

아기는 작은 자극에도 상태가 안 좋아지는 경우가 있다. 아기가 열이 나거나 토하거나 설사를 하는 등 평소와 다른 증상은 병을 알리는 신호이기도 하므로 조심해야 한다. 잘 먹고 잘 놀던 아기가 갑자기 걱정스러운 증상을 보인다면 어떻게 하면 좋은지 증세별로 알아본다.

병을 암시하는 증상을 잘 살핀다

아기가 먹은 것을 토하거나 설사를 하거나 갑자기 열이 나면 어딘가 병이 난 것인지 걱정스럽다. 경우에 따라서는 아기의 체질 때문이거나 단순한 증상일 수도 있다. 하지만 평소와 다른 증상은 대체로 병이 났음을 알리는 신호이기도 하므로 조심해야 한다. 갓난아기들은 갑작스럽게 아파질 수 있기 때문에 병을 암시하는 증상들을 알아두는 것이 중요하다.

아기의 건강 상태를 체크하려면 우선 아기의 기분이 좋은지 나쁜지부터 살펴야 한다. 엄마는 늘 잘 먹고 잘 노는지, 아니면 왠지 기운이 없고 아파 보이는지 등 아기의 상태를 잘 살펴보고 그에 따른 적절한 조치를 취해야 한다.

보채면서 기운이 없다든지 평소보다 잘 먹지 않는다든지 열이 나고 변에 이상이 있다면 어딘가 좋지 않다는 신호이므로 의사에게 보이는 것이 필요하다. 평소와 다른 증세를 보일 때 어떻게 하면 좋은지 증세별로 알아본다.

갓난아기에게 흔한 증상 대처법

열이 있다

아기의 체온은 어른과 마찬가지로 37℃가 정상이지만 일시적으로 37.5℃까지는 올라가는 경우가 있다. 만약 37.5℃인 상태가 지속된다면 의사의 진찰을 받는 것이 필요하다.

콧물이 나고 코가 막힌다

아기는 면역기능이 약하고 코나 목의 점막은 섬세해서 아침저녁으로 차가운 바람을 쐬거나 공기가 건조하면 콧물이 나거나 코가 막히고 재채기를 한다. 콧물이 나고 재채기를 하다가도 낮에 기온이 따뜻해지면 대체로 증세가 가라앉고 별다른 이상이 없으면 일시적으로 코나 목의 점막이 자극을 받아 생긴 증세이므로 걱정하지 않아도 된다.

감기 초기라 해도 열도 없고 재채기와 콧물만 나는 정도의 코감기라면 몸을 따뜻하게 해주고 상태를 살펴본다. 하지만 콧물이 1주일 이상 멈추지 않거나 누런색의 콧물이 날 때, 코가 막혀 입을 벌리고 숨을 쉬며 괴로워할 때, 열이 있고 생기가 없이 축 늘어져 있다면 병원에 데리고 간다.

설사를 한다

아기의 변 상태는 아기의 건강 상태를 잘 드러낸다. 아기의 대변은 대체로 묽고 횟수도 잦은 편이지만 아기마다 조금씩 다르다. 특히 모유를 먹는 아기는 변이 묽은 것이 보통이므로 아기의 변이 묽지만 별다른 증세가 없다면 안심해도 된다.

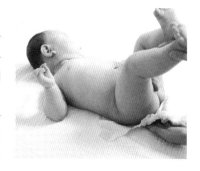

만약 3~6개월이 지나서도 변이 어느 정도 굳어지지 않고 계속해서 설사를 한다면 장의 상태가 나쁘거나 수분 흡수가 좋지 않을 수도 있다. 감기에 걸렸을 때도 흔히 설사를 하는데 이때는 끓여서 미지근하게 식힌 물을 많이 먹인다. 설사에 혈액이나 고름이 섞여있을 때는 빨리 의사의 진찰을 받는다.

변비가 있다

아기가 변을 보는 횟수는 아기에 따라 다르며 먹는 횟수만큼 변을 보기도 한다. 그러나 젖을 잘 먹지 않아 변이 나오기 힘든 경우도 있다. 체중 증가를 살펴보고 체중이 늘지 않는다면 젖을 바꿔보거나 분유를 추가해서 먹여본다. 3~4개월 무렵이면 2~3일에 한 번씩 변을 보는 아기도 꽤 있으므로 아기가 기분이 좋은 상태면 걱정하지 않아도 된다. 아기가 변비가 되었다고 해서 마음대로 변비약이나 관장을 하는 것은 위험하다. 아기가 변비라면 과즙을 먹여 장을 자극해본다. 8개월 정도가 되면 요구르트도 괜찮다.

젖을 토한다

아기는 위의 입구인 유문이 잘 조여지지 않기 때문에 젖을 잘 토한다. 젖을 먹은 뒤 트림을 하지 않았거나 트림을 하다가도 토하는 수가 있다. 젖을 먹으면서 공기를 함께 마셔 기포가 위를 자극하기 때문이다. 아기들은 하루 2~3회가량 토하는 것이 보통이며 젖을 먹은 지 한참 지나 하얀 덩어리처럼 응고된 젖을 토하는 경우도 있다.

토해도 생기가 있고 잘 놀며 체중도 순조롭게 늘고 있다면 일시적으로 나타나는 생리적 구토이므로 걱정하지 않아도 된다. 이런 습관성 구토는 3개월이 지날 무렵에는 자연히 가라앉는다.

토하려고 하거나 토할 때는 숨이 막히지 않도록 옆으로 눕힌다. 이때 등을 두드리지 말고 가볍게 문질러주는 것이 좋다. 그러나 젖을 먹을 때마다 토하거나 안색이 나쁘고 기운이 없거나 심하게 울 때는 의사의 진찰을 받도록 한다.

Doctor's Advice
병원에 가야 하는 증상

· 아기가 이상하게 졸려 한다.
· 몸이 축 늘어져 있다.
· 울음을 그치지 않는다.
· 평소의 울음소리와 다른 소리로 운다.
· 평소보다 적게 먹고 마신다.
· 소변량이 평소보다 적다.
· 구토를 한다.
· 대변에 피가 보인다.
· 열이 떨어지지 않고 39℃ 이상의 고열이 하루 이상 계속된다.
· 기침을 심하게 하거나 계속 한다. 또는 기침을 할 때 가래 등의 이물질이 나온다.
· 숨을 쉬기 어려워한다.

아픈 아기 돌보기

아기는 아차 하는 순간에 다치고 갑자기 열이 오르거나 토하기도 한다. 면역력이 약한 아기는 감기나 배탈, 설사, 피부발진 등 크고 작은 병에 걸리기도 쉽다. 아기의 상태를 잘 관찰하면서 병나지 않게 돌봐주고, 아기가 아플 때 적절한 방법으로 대처하는 방법을 알아보자.

처방에 따라 약을 먹이고 편안하게 놀보기

갓 태어난 아기는 신체기능이 미숙하고 저항력이 약해 병에 걸리기 쉽다. 감기나 아토피성 피부염처럼 아기가 체질적으로 잘 걸리는 질병도 있다. 잘 먹고 잘 놀던 아기가 평소와 다르게 잘 먹지 않고 토하거나 보채고 칭얼거린다면 어딘가 탈이 난 것일 수 있다.

아기가 병이 난 것인지 의심될 때 가장 기본적으로 확인해야 할 것이 체온이다. 체온을 재봐서 38℃보다 높다면 열을 내리는 조치를 취해본다. 계속해서 열이 떨어지지 않고 다른 증상이 함께 나타나면 병원에 데려가 의사에게 보여야 한다. 의사와 상담을 해서 병의 원인이 판명되면 의사의 처방과 조언에 따른다. 병원에서 처방해준 약을 먹이고 아기를 편안하게 돌봐주어야 한다. 아파서 힘든 아기에게 따뜻하고 쾌적한 환경을 제공하고 사랑으로 보살피는 것만큼 중요한 것도 없다.

아기가 계속 토하거나, 설사를 하거나, 열이 난다면 수분이 부족해지기 쉬우니 물을 충분히 마시게 한다. 고열은 매우 위험할 수 있으므로 아기의 체온을 낮추는 데 힘쓴다. 옷을 너무 많이 입고 있지 않은지, 신선한 공기가 방에 충분히 공급되고 있는지도 확인한다. 가제 수건을 미지근한 물에 적셔서 몸을 닦아주면 아기가 좀 더 편안해진다.

아픈 아기 돌보는 방법

체온 재기 귀의 온도를 잰다

아기가 아픈지 의심될 때 가장 기본적으로 확인해야 할 것은 바로 체온이다. 아기의 정상 체온은 37℃ 정도다. 면역계가 세균과 싸울 때는 체온이 올라가 열이 발생한다. 반면, 심각한 체온 저하는 저체온증을 암시한다. 체온은 조금씩 달라질 수 있으므로 한 번 이상 잰다.

아기의 체온을 재는 가장 정확한 방법은 귀 온도계로 재는 것이다. 귀 온도계는 고막과 주변 조직의 온도를 측정하는 것으로 측정이 빠르고 매우 정확하다. 일반적으로 권장되는 방법으로 디지털 체온계를 사용해 겨드랑이의 체온을 재는 방법도 있다. 겨드랑이의 체온을 잴 때는 체온계를 흔든 다음 체온계 끝부분을 겨드랑이 사이에 꽂는다. 아기의 팔을 펴서 옆구리에 붙인 채로 5분 이상 유지한다.

약 먹이기 토하지 않게 잘 먹인다

아기가 처방받은 약은 대부분 시럽으로 맛과 향이 달콤해서 먹이기 쉽다. 만약 가루약을 처방받았다면 반드시 물이나 시럽에 잘 개어 사레들거나 토하지 않게 해야 한다. 약을 먹일 때는 스포이드나 투약기를 이용하는 것이 좋다. 입 안에 한 번에 많은 양을 넣으면 삼키는 양보다 입 밖으로 흘러나오는 양이 더 많을 수 있으니 2~3회에 걸쳐 입안에 흘려 넣어준다.

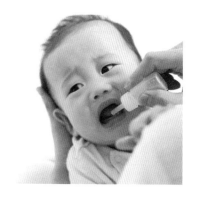

아기가 약을 먹고 토했을 경우 약 먹은 지 20분 이내라면 다시 한번 먹이고, 20분이 지났다면 먹이지 않아도 된다. 토한 양이 적을 때는 20분 이내라도 그냥 둔다.

젖꼭지 투약기 약을 거부하는 아기에게 사용한다

갓난아기는 입술에 손가락을 갖다 대면 입술을 오물거리면서 자극이 주어지는 쪽으로 입술을 돌린다. 아기의 먹이 찾기 반사작용을 이용해서 입에 젖꼭지 모양의 투약기를 물리면 아기에게 쉽게 먹일 수 있다. 아기를 무릎 위에 앉히거나 눕힌 뒤 팔꿈치 안쪽으로 아기의 머리를 단단히 받치고 젖꼭지 투약기 끝을 아기 입에 넣어 천천히 약을 짜준다.

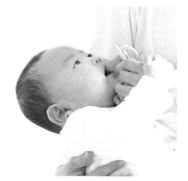

코막힘 코딱지를 물렁하게 한 뒤 제거해준다

아기는 콧물이 나면 혼자 빼내기 어려워 코가 쉽게 막힌다. 감기에 걸렸을 때나 공기가 건조할 때도 코가 쉽게 막힌다. 코가 막히면 아기는 젖을 먹기도 힘들 뿐 아니라 숨쉬기가 괴로워서 짜증을 낸다.

코막힘 때문에 아기가 불편해하면 따뜻한 물에 가제 수건을 적셔 꼭 짠 다음 아기 코를 적셔주거나 면봉에 물을 묻혀 닦아줘서 코막힘을 풀어준다. 코막힘 증세가 심한 경우 생리식염수 1~2방울을 아기 콧속에 넣은 다음 코딱지가 물렁해졌을 때 가정용 콧물 흡입기로 코딱지를 빨아들인다. 콧물 흡입기를 사용할 때는 콧구멍을 완전히 막지 말고 약간의 여유를 줘서 사용하고, 빨아들이는 압력을 약하게 해서 2~3회에 나눠 흡입한다.

땀띠·기저귀 피부염 깨끗이 닦고 물기를 잘 말린다

갓난아기는 땀을 잘 흘리는 데 비해 조절기능이 약하기 때문에 땀띠가 잘 난다. 땀띠가 나면 아기 피부를 늘 깨끗이 해주고 잘 닦아 습기가 없도록 말려준다. 보송보송하게 하기 위해 베이비파우더를 발라줘도 되지만 땀띠가 났을 때는 오히려 땀구멍을 막아서 증세를 더 악화시킬 수 있다. 땀띠는 예방이 중요하고 물집이 잡혔다면 땀띠 연고를 발라준다.

아기들은 대소변을 본 채로 기저귀를 계속 차고 있거나 엉덩이가 축축하면 기저귀 피부염이 생기기 쉽다. 이를 예방하려면 기저귀가 젖지 않았는지 자주 만져보고 젖으면 바로 갈아 채우도록 한다. 기저귀를 갈 때 물로 엉덩이를 깨끗이 닦아주고 잘 말린 다음 기저귀를 채워야 보송보송하다. 기저귀 피부염이 심하면 의사의 처방을 받아 치료제 성분이 있는 연고를 발라준다.

신생아기에 흔한 병

열 달 동안 엄마 배 속에 있던 아기는 새로운 환경에 노출되면서 병에 걸리기 쉽다. 신생아에게
나타나기 쉬운 질병의 원인과 증세, 치료법 등을 미리 알아두면 신속하고 적절한 대처를 할 수 있다.
증상이 나타나면 즉시 병원에 문의해서 진찰과 치료를 받도록 한다.

신생아 황달

신생아는 간의 기능이 미숙해 일시적인 황달이 나타나기 쉽다. 이러한 생리적 황달은 대부분의 신생아에게 나타나는
증상이며, 1~2주 정도 지나 간 기능이 완전해지면 자연스럽게 없어지므로 크게 걱정하지 않아도 된다. 모유를 먹인 아
기는 황달이 더 심해지거나 오래 가는 경우가 있다. 이 경우 모유 수유 중단 여부를 소아과 전문의와 상의한다.

그러나 황달이 생후 24시간 이내에 나타나거나 10일 이후에도 지속된다면 병적인 황달이 의심되므로 소아과 진료
를 받고 원인과 정도에 따라 치료를 해야 한다. 심한 황달을 치료하지 않으면 뇌 손상을 일으켜 뇌성마비가 될 수도 있
으므로 바로 소아과 전문의의 진료를 받는 게 좋다.

배꼽 염증

아기의 탯줄은 생후 1주일 정도 지나면 자연히 말라 떨어진다. 배꼽이 떨어지기 전까지는 관리를 잘해주지 않으면 염
증이 생길 수 있다. 배꼽 염증을 예방하기 위해서는 아기를 목욕시키고 난 뒤 소독약으로 배꼽을 잘 소독하고 말려준
다. 배꼽이 자연적으로 떨어질 때까지는 거즈로 덮거나 싸지 말고 늘 건조한 상태로 둔다. 배꼽이 떨어지고 난 뒤에
는 진물이나 피가 나기도 하므로 배꼽 속까지 잘 소독해준다. 가벼운 염증에는 항생제 연고를 발라준다.

배꼽 탈장

아기가 울 때 배꼽이 부풀어 튀어나오는 경우가 있다. 이것을 배꼽 탈장이라고 하는데, 갓난아기 열 명 중 한 명에게
있을 정도로 흔한 일이다. 신생아는 탯줄이 잘린 뒤 배 안쪽에 복근이 형성돼 속의 내장을 보호할 수 있지만, 간혹 배
안의 안쪽 벽이 굳지 않고 열려 있는 경우가 있다. 이때 아기가 심하게 울어 약한 복근에 압력을 가하게 되면 내장이
배꼽 쪽으로 밀려나오게 된다. 이렇게 튀어나오는 불룩한 배꼽은 자라면서 막이 형성되어 나아지지만 심한 경우에는
수술을 해야 한다. 대체로 1~2년이 지나면 구멍이 저절로 닫히기 때문에 수술이 꼭 필요하지는 않다.

서혜부 탈장(헤르니아)

아기는 배와 음낭이 연결되어있는데, 간혹 배의 장이 음낭 쪽으로 들어가는 경우가 있다. 이것을 서혜부 탈장이라고
한다. 이때 울거나 숨을 들이켜서 힘을 주거나 하면 사타구니가 부어오르고 음낭이 커다랗게 붓는다. 서혜부 탈장은
정상 신생아보다 미숙아에게 많이 발생하며, 여자아기보다 남자아기에게 더 많다.

장이 나온 뒤 원 상태로 되돌아가지 않는 것을 헤르니아 감돈이라고 한다. 튀어나온 장이 사타구니 부분에서 조
여지면 장폐색 상태가 되기도 한다. 헤르니아 감돈은 6개월 이내에 발생하는 경우가 많다. 헤르니아 감돈이 발생하
면 병원으로 데려가 수술을 한다.

구토

신생아는 위 기능이 발달하지 않아 우유나 젖을 잘 토한다. 과식을 하거나, 젖을 먹을 때 공기를 많이 마셨거나, 열감기에 걸렸을 때 토하는 경우가 많다. 아기가 자주 토하면 수유 자세가 바른지, 너무 많이 먹인 것은 아닌지 살펴보고 젖을 먹인 뒤에는 반드시 트림을 시키도록 한다. 토할 때는 아기를 앉히거나 옆으로 뉘어 내용물이 기도로 넘어가지 않게 해준다. 이렇게 주의해도 아기가 계속 토하면 장폐색이나 유문협착증은 아닌지 의사에게 진찰을 받는다. 아기가 열이 있으면서 토하거나, 복부팽만이 나타나거나, 토사물이 녹색 또는 붉은색을 띠면 빨리 병원에 간다.

아구창

갓난아기의 혀나 입천장, 뺨의 안쪽에 하얀 반점이 있고 우유 찌꺼기 같은 게 보이면서 젖을 잘 빨지 못하면 아구창인지 의심해본다. 아구창은 수유기구를 청결하게 관리하지 못하면 부패한 우유 찌꺼기로 인해 생기기도 하고, 출생 시 산도가 칸디다 곰팡이균에 감염돼 있으면 태어날 때 감염되기도 하며, 때로는 건강한 신생아에서도 생긴다. 심할 때는 의사에게 보이고 적절한 치료를 받게 한다.

신생아 결막염

신생아는 결막염에 걸리는 일이 비교적 흔하다. 미숙아이거나 출생 시 양수에 감염되면 결막염에 걸리기도 한다. 눈에 눈곱이 자주 끼고 눈이 빨갛게 충혈되는 증상을 보이면 결막염이 의심되므로 식염수로 눈을 소독해주거나 점안액을 넣어준다. 아기를 만질 때는 항상 손을 깨끗이 씻어야 2차 감염이 예방된다.

인두 결막염

여름부터 가을에 걸쳐 많이 생긴다. 38~40℃의 열이 나면서 목이 빨갛게 붓고 아프며 눈도 충혈되어 새빨갛게 된다. 목이 아파서 젖이나 물을 먹으려 하지 않기 때문에 탈수 증상을 일으켜 몸이 축 늘어지는 경우도 있다. 음식은 조금씩 먹고 싶어 할 때마다 자주 먹이고 수분 섭취에도 신경 쓴다.

유행성 감기

감기 바이러스에 감염되면 콧물과 열이 나고 기침을 하며 토하거나 설사를 하기도 한다. 감기에 걸리면 아기는 울며 보채거나 축 늘어진다. 아기의 감기는 기관지염이나 폐렴, 중이염 등의 합병증을 일으키는 수가 있으므로 미리미리 주의해야 한다. 우선은 몸을 따뜻하게 해주고 수분 보충도 신경 쓴다. 증상이 심하면 의사에게 진찰을 받는다.

헤르판지나

갑자기 39℃ 정도 되는 고열이 나며 목이 아파 젖이나 물을 넘기지도 못하고 심하게 운다. 입천장이니 목젖 등에 삭은 물집이 생겨 자극을 받아 아기가 많이 아프기 때문이다. 바이러스에 의한 병이므로 특별한 약은 없고 진통제나 해열제를 처방받아 먹이면 증세가 가라앉는다. 열은 대개 하루 정도 지나면 떨어지고 물집도 5~6일이면 좋아진다. 감기와 마찬가지로 삼키기 쉬운 음식을 먹이고 수분을 충분히 보충시키는 게 좋다.

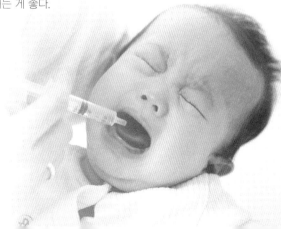

모세 기관지염

기관지 부위에 염증이 생겨 기관지가 가역적으로 수축되어 좁아진 기관지로 인해 공기의 흐름에 막힘 현상이 생기는 것이 모세 기관지염이다. 처음에는 미열을 동반한 콧물을 보이다가 2~3일 경과하면서 기침이 심해지고 숨이 가빠지며, 숨쉴 때 힘들어하고 호흡 곤란이 나타난다.

대부분 2세 이하의 아기에게 많이 발생하며 특히 6개월 이하의 영아들에게 증상이 더 심하게 나타난다. 1세 미만의 아기가 3번 이상 모세기관지염 증상이 나타나면 천식이 의심된다. 모세기관지염은 보통 바이러스 감염에 의한 것으로, 감기를 앓고 있는 사람과의 접촉을 피하고 평소 적절한 온도와 습도를 만들어주는 것이 중요하다.

천식

알레르기 물질이나 감기. 호흡기 감염 등의 자극 등으로 기관지가 좁아지면서 호흡 곤란이 오고 기침이 나며 가슴에서 쌕쌕 소리가 나는 증상을 보인다. 주로 한밤중이나 새벽 또는 이른 아침에 심하다. 흔히 '기관지가 약하다'고 하는 것은 가벼운 천식일 경우가 많다. 소아 천식은 80~90% 이상이 4~5세 이전에 나타나며 30%는 1세 이전에 발병한다. 조기에 발견해서 적절한 치료를 하는 동시에 체질을 개선해주는 것이 가장 효과적이다.

아토피 피부염

아토피성 피부염은 태어나자마자 바로 나타나기도 하지만 대부분 생후 3~6개월경부터 나타난다. 보통 가족력이나 유전적 성향이 크고, 나이에 따라 특정 부위에 증상이 나타나는 경우가 많다. 증상은 얼굴에 습진처럼 붉은 발진이 나타나 커지면서 진물이 나거나 딱지 등이 생긴다. 아토피성 피부염이 있는 아기는 가려움증으로 잠을 못 자고 보채거나 자주 운다. 심하면 하얗게 각질이 일어나 비늘 모양의 피부가 되기도 한다. 일시적인 신생아 태열이 아니라 영아기 아토피성 피부염으로 밝혀지면 원인을 찾아서 잘 대처해야 한다. 아기가 가려움증이 너무 심하면 전문의의 처방에 따라 스테로이드 연고를 사용해도 된다.

땀띠

방이 너무 덥거나 덥고 습한 여름철에 땀이 제대로 배출되지 못하고 피부 속에 고이거나 땀샘 주위에 염증이 생기는 것을 땀띠라고 한다. 갓난아기는 땀을 잘 흘리는 데 비해 아직 조절기능이 서툴기 때문에 땀띠가 잘 난다. 처음에는 좁쌀만한 맑은 물집으로 시작되어 증상이 심해지면 곪게 된다. 곪아서 부었다면 의사에게 보이고 연고를 처방받아 발라준다. 땀띠가 날 때는 무엇보다 아기 피부를 늘 깨끗이 해주고 잘 닦아 습기가 없도록 말려주는 게 좋다.

지루성 피부염

노란 기름이 낀 진물이 배어나오는 증상으로 얼굴과 머리, 겨드랑이 등에 잘 생긴다. 생후 1~2개월 된 아기에게 많이 나타난다. 평소 청결하게 관리해주는 것이 중요하며, 목욕을 시킬 때 비누로 머리를 잘 감겨주면 어느 정도 완화된다.

노란 딱지는 피지가 산화되어 앉은 것으로 그대로 두면 딱지가 더 쌓일 수 있다. 딱지가 생기면 머리를 감길 때 충분히 불려서 딱지를 떨어지게 하거나 심한 딱지일 경우 베이비오일 등으로 부드럽게 만들어준 다음 브러시로 제거해주는 것이 좋다.

기저귀 피부염

아기가 대소변을 싼 기저귀를 계속 차고 있거나 엉덩이에 습기가 많을 경우. 엉덩이 부위에 빨간 발진이나 진물이 생기면서 몹시 가려워한다. 이 같은 기저귀 피부염을 예방하려면 기저귀가 젖지 않았는지 자주 만져보고 젖으면 바로 갈아 채워준다. 기저귀를 갈 때는 엉덩이를 깨끗이 닦아주고 잘 말린 다음 기저귀를 채워서 엉덩이를 늘 보송보송하게 해준다. 기저귀 피부염이 너무 심하면 의사와 상담해 치료제 성분이 있는 연고를 하루 3~4회 발라준다.

피부 칸디다증

증상은 기저귀성 피부염과 비슷하지만 원인은 칸디다 곰팡이균에 의한 것이다. 엉덩이 부위에 빨간 좁쌀만한 알맹이가 생겨서 좀처럼 낫지 않을 때는 소아청소년과에 가서 혹시 칸디다증이 아닌지 진찰을 받고 약을 처방받아 치료한다.

피부 칸디다증 역시 피부를 보송보송하게 잘 말려주는 것이 가장 좋다. 기저귀를 갈아줄 때는 바로 채우지 말고 얼마 동안 바람을 쐰 후에 채우고 속옷은 햇볕에 잘 말려 살균되도록 한다. 필요할 경우 진균 크림을 사용한다.

농가진

세균 감염에 의한 전염성 질환으로 흔히 부스럼이라고도 한다. 빨간 발진이 생겼다가 맑은 물집이 몸의 여러 곳에 생기고 이것이 고름이 되어 터져서 마른 딱지로 변한다. 고름이 터지면 감염되기 쉬우므로 재빨리 마른 거즈로 반드시 고름을 닦아준 뒤 소독하고 항생제 연고를 발라준다. 이렇게 연고를 1~2일 정도 발라도 좋아지지 않으면 의사에게 진찰을 받아 경구 항생제나 항생제 연고를 처방받기도 한다.

Doctor's Advice
예방접종 후 열이 날 때 어떻게 할까요?

예방접종은 건강 상태가 가장 좋을 때 하는 것이 좋다. 잘못하면 부작용이 생길 수 있기 때문이다. 감기, 설사 등의 증상을 보이거나 열이 있을 때는 뒤로 미루는 편이 낫다. 접종하려는 날 집에서 체온을 재서 열이 없는 것을 확인하고 집을 나선다. 약물 알레르기가 있을 경우는 접종 전에 의사에게 미리 알린다.

접종 후 2~3일은 아이의 몸 상태를 주의 깊게 관찰하고, 고열이나 경련 증세가 있을 경우엔 곧바로 의사의 진찰을 받도록 한다. 접종 당일 목욕이나 장거리 여행, 심한 활동은 피하고 잘 쉬게 하는 것이 좋다.

접종 후에는 주사를 맞은 부위가 빨갛게 부어오르거나 가려울 수도 있고 몸이 축 처지는 등의 나른한 증상이 나타나기도 한다. 38℃ 이상 열이 나면 미온수로 아기 몸을 닦아주고 1~2시간 이상 지속되고 아기가 많이 보챌 경우 병원을 방문한다. 2개월 이상인 아기는 해열제를 먹여도 된다. 그 이후에도 열이 떨어지지 않고 이상 증상이 나타나면 의사에게 상담한다.

사고와 응급 처치

아기가 사고를 당하면 엄마는 당황해서 어쩔 줄 모르고 대처를 잘 못 해 상태를 악화시키는 경우가 있다. 아기가 갑자기 다치더라도 절대 당황하지 말고 침착하게 응급 처치를 하도록 한다. 응급 처치 후에도 상태가 나아지지 않으면 빨리 병원에 데려간다.

아기가 이물질을 입에 넣어 숨을 못 쉬어요!

아기가 목이 막혀 계속 울고 기침을 한다면 입 안을 확인한다. 이때 이물질을 목구멍 안쪽으로 더 밀어 넣지 않도록 주의한다. 등을 두드릴 때는 아기를 어른의 팔뚝을 따라 아래를 향하도록 잡고 몸과 턱을 받쳐 두드려준다. 한 손가락만 사용해 아기의 입안을 매우 조심스럽게 확인하고, 확실하게 보이는 이물질이 있다면 제거한다. 등을 두드려도 아기가 여전히 울지 않는다면 등을 돌려 눕히고 가슴을 밀어낸다. 이렇게 해도 여전히 맥박이 느껴지지 않을 때는 119에 전화를 하고 심폐소생술을 실시해야 한다.

아기가 콘센트에 손가락을 넣었어요!

기어 다니는 아기는 콘센트에 손가락을 넣거나 전선을 씹을 수 있다. 심한 전기 충격은 심장을 멎게 하고, 호흡을 방해하며, 쇼크와 경련, 심한 화상을 유발한다. 가장 우선적으로 해야 할 일은 부모 자신이 감전되지 않게 하면서 아기의 몸에 흐르는 전류를 막는 것이다. 가능하다면 전류를 끄거나 플러그를 뽑는다. 그것이 불가능하다면 나무나 플라스틱 등 건조한 부도체에 올라서서 의자 다리나 빗자루를 이용해 아기를 밀쳐낸다. 마지막 수단은 아기의 옷을 잡고 아기를 당기는 것이다. 화상을 입었다면 살균 붕대나 랩으로 감싼다.

아기가 먹어서는 안 될 약을 먹었어요!

아기에게 위험한 물질이 닿지 않도록 더욱 세심한 주의를 기울이고, 약병은 아기가 열 수 없도록 특수 캡으로 되어있는지 확인한다. 구토를 하거나, 어지러워하고, 경련이 있거나 의식이 없으며, 입 주변에 화상이나 변색이 있다면 중독을 의심한다. 즉시 119에 전화를 건다. 아기가 무엇을 먹었는지, 얼마나 심하며, 얼마 전부터 그랬는지 구조원에게 알려주고 구조를 요청한다. 구조대가 오기 전까지 토사물의 샘플을 채취한다. 하지만 일부러 토하게 해서 아기를 아프게 만들진 않는다. 물을 좀 줘도 된다. 의식은 잃었지만 아직 숨을 쉬고 있다면 회복 자세를 취하게 한다.

아기가 다쳐서 피가 나요!

심한 혈액 손실은 아기에게 쇼크를 불러올 수 있으니 즉시 조치가 이뤄져야 한다. 기본 원칙은 상처 부위에 직접적인 압력을 가하고 다친 부분을 심장보다 위로 올리는 것이다.
아기를 눕히고 다친 부위를 높이 올린다. 다친 부위 안에 뭔가 있다면 양쪽으로 압력을 가하되 이물질을 제거하지는 않는다. 필요하다면 옷을 잘라내 다친 부위를 노출시키고 깨끗한 붕대로 누르며 압력을 가한다. 피가 솟구치는 등 상처가 심한 경우는 동맥이 다친 것을 의미하므로, 최소한 10분간 계속해서 압력을 가한다. 그리고 난 후 압박 붕대를 두른다. 피가 배어나오면 붕대를 갈지 말고 그 위에 또 붕대를 감는다.

아기가 물에 빠졌어요!

목욕을 하다가 아기가 물속으로 쑥 들어가 아기의 입과 목이 잠겼다면 깊이와 상관없이 2~3분 만에 익사할 수 있다. 아기가 물에 잠긴 것을 발견했을 때는 즉시 꺼내 머리가 몸보다 낮게 안는다. 이렇게 하면 물이나 토사물이 폐에 들어가는 것을 막을 수 있다. 의식을 잃었으나 아직 숨을 쉬고 있다면 119에 연락을 하는 동안 회복 자세를 취하게 한다. 숨을 쉬지 않는다면 필요에 따라 인공호흡과 심폐소생술을 실시해야 한다.

아기가 의식이 없어요!

의식이 있는지 확인하기 위해 이름을 부르거나 발바닥을 두드려본다. 아기를 흔드는 것은 금물이다. 의식을 잃었지만 호흡을 계속한다면 도와줄 수 있는 사람이 올 때까지 회복 자세를 변화시킨다. 의식을 잃고 호흡도 하지 않는다면 아기를 눕힌 뒤 인공호흡을 실시하고 필요하다면 심폐소생술도 한다. 다른 사람에게 도움을 요청해 119를 부르도록 한다. 혼자 있다면 일단 심폐소생술을 실시해보고 1분이 지나도 회복되지 않으면 즉시 119에 전화한다.

아기가 뜨거운 것에 데었어요

화상은 치료를 잘못하면 곪거나 흉터가 남는 만큼 빨리 병원에 가야 한다. 일단 덴 면적이 좁고 조금 빨개져서 얼얼하기만 하면 괜찮지만 어른 손바닥보다 넓으면 집에서 응급 처치를 한 뒤 외과나 피부과에 데려가 진찰을 받는다. 무엇에 데었든 화상을 입으면 먼저 찬물로 상처 부위의 열을 식혀야 한다. 병원에 가는 동안이나 구급차를 기다리는 동안에도 엄마는 계속 열을 식혀준다. 식히는 방법은 부위별로 약간 다르다.

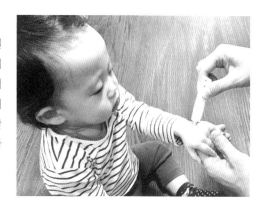

하임리히 요법

이물질이나 음식이 목에 걸려 질식상태일 때 실시하는 응급처치법. 아기의 기도가 이물질로 막히면 하임리히 요법으로 빼낼 수 있다. 한 팔을 어깨 안쪽으로 넣어 꼭 붙들고 다른 손바닥으로 양 어깻죽지 가운데를 힘껏 다섯 번 내리친다. 대개 이렇게 하면 목구멍에 걸린 것이 나온다.

1 아기를 엎드리게 한 다음 아기 다리 사이에 엄마의 팔을 끼운 상태가 되도록 안는다.

2 같은 손으로 아기의 머리와 목을 받치고, 다리로 엄마의 팔과 아기의 몸을 받친다. 이렇게 하면 아기의 몸이 기울어져 머리가 몸보다 낮아진다.

3 다른 한 손으로 아기의 등을 쳐준다. 어깨뼈 사이를 부드러우면서도 강하게 다섯 번 두드린다.

4 이물질이 나오면 두드리는 것을 멈춘다.

찾아보기

• 요리

에어프라이어로 다 된다
365일 에어프라이어 레시피
에어프라이어를 200% 활용할 수 있도록 돕는 레시피북. 출출할 때 생각나는 간식부터 혼밥, 술안주, 디저트 & 베이킹, 근사한 파티요리까지 93가지 인기 메뉴를 담았다. 쉽고 빠르고 맛있는 에어프라이어 요리, 이 책 하나면 충분하다.
장연정 지음 | 184쪽 | 188×245mm | 13,000원

기초부터 응용까지 이 책 한권이면 끝!
한복선의 친절한 요리책
요리초보자를 위해 최고의 요리전문가 한복선 선생님이 나섰다. 칼 잡는 법부터 재료 손질, 맛내기까지 엄마처럼 꼼꼼하고 친절하게 알려주는 이 책에는 국, 찌개, 반찬, 한 그릇 요리 등 대표 가정요리 221가지 레시피가 들어있다.
한복선 지음 | 308쪽 | 188×254mm | 15,000원

내 몸이 가벼워지는 시간
샐러드에 반하다
한 끼 샐러드, 도시락 샐러드, 저칼로리 샐러드, 곁들이 샐러드 등 쉽고 맛있는 샐러드 레시피 56가지를 한 권에 담았다. 다양한 맛의 45가지 드레싱과 각 샐러드의 칼로리, 건강한 샐러드를 위한 정보도 함께 들어 있어 다이어트에도 도움이 된다.
장연정 지음 | 168쪽 | 210×256mm | 12,000원

반찬이 필요 없는 한 끼
한 그릇 밥·국수
별다른 반찬 없이 맛있게 먹을 수 있는 한 그릇 요리책. 덮밥, 볶음밥, 비빔밥, 국수, 파스타 등 쉽고 맛있는 밥과 국수 114가지를 소개한다. 재료 계량법, 밥 짓기, 국수 삶기, 국물 내기 등 기본기도 알려줘 초보도 쉽게 만들 수 있다.
장연정 지음 | 256쪽 | 188×245mm | 14,000원

가볍게 만들어 분위기 있게 즐기자
오늘은 샌드위치
초보자들도 쉽게 만들 수 있는 메뉴부터 전문점 못지않은 럭셔리한 종류까지 66가지의 다양한 샌드위치를 소개한 책. 기본 샌드위치, 스페셜 샌드위치, 토스트 & 핫 샌드위치, 버거 & 랩 샌드위치, 전문점 인기 샌드위치 등으로 파트를 나누어 입맛에 따라 선택할 수 있다.
안영숙 지음 | 128쪽 | 180×230mm | 10,000원

만들어두면 일주일이 든든한
오늘의 밑반찬
누구나 좋아하는 대표 밑반찬 79가지를 담았다. 가장 인기 있는 밑반찬을 골라 수록했기 때문에 반찬을 선택하는 고민을 덜어준다. 또한 79가지 밑반찬을 고기, 해산물·해조류, 채소 등 재료별 파트와 장아찌·피클 파트로 구성하여 쉽게 균형 잡힌 식단을 짤 수 있도록 돕는다.
최승주 지음 | 152쪽 | 188×245mm | 12,000원

바쁜 사람도, 초보자도 누구나 쉽게 만든다
무반죽 원 볼 베이킹
누구나 쉽게 맛있고 건강한 빵을 만들 수 있도록 돕는 책. 61가지 무반죽 레시피와 전문가의 Plus Tip을 담았다. 이제 힘든 반죽 과정 없이 볼과 주걱만 있어도 집에서 간편하게 빵을 구울 수 있다. 초보자에게도, 바쁜 사람에게도 안성맞춤이다.
고상진 지음 | 200쪽 | 188×245mm | 14,000원

먹을수록 건강해진다!
나물로 차리는 건강밥상
생나물, 무침나물, 볶음나물 등 나물 레시피 107가지를 소개한다. 기본 나물부터 토속 나물까지 다양한 나물반찬과 비빔밥, 김밥, 파스타 등 나물로 만드는 별미요리를 담았다. 메뉴마다 영양과 효능을 소개하고, 월별 제철 나물, 나물요리의 기본요령도 알려준다.
리스컴 편집부 | 160쪽 | 188×245mm | 12,000원

똑똑한 엄마의 선택
닥터맘 이유식
생후 4개월부터 36개월까지 단계별로 꼭 필요한 영양을 담은 건강 이유식 레시피. 미음부터 죽, 진밥, 덮밥, 국수, 샐러드, 국, 반찬 등 다양한 이유식과 유아식을 담았다. 차근히 따라 하면 건강하고 튼튼하게 키울 수 있다.
닥터맘 지음 | 216쪽 | 190×230mm | 13,000원

간편한 도시락은 다 모였다!
김밥·주먹밥·샌드위치
만들기 쉽고, 먹기 편한 도시락 메뉴 78가지를 소개한 책. 김밥, 주먹밥, 초밥, 캘리포니아 롤, 샌드위치 등이 모두 들어있다. 밥 짓기, 양념하기, 김밥 말기, 배합초 버무리기 등 기초 테크닉도 꼼꼼하게 알려준다. 아이들 간식, 나들이 도시락으로 응용하기에 좋다.
최승주 지음 | 136쪽 | 180×230mm | 10,000원

• 취미 | DIY

우리 주변의 아름다운 모습 40가지
즐거운 수채화 그리기

초보자부터 숙련자까지 취미로 수채화를 배우는 사람들에게 좋은 교재. 40가지 테마의 수채화 그리기가 자세히 소개되어있다. 각 테마마다 그리기 순서에 따른 상세한 설명이 소개되어 실력에 맞는 그림을 선택해 그릴 수 있다.

에마 블록 지음 | 216쪽 | 188×200cm | 15,000원

쉬운 재단, 멋진 스타일
내추럴 스타일 원피스

베이직한 디자인으로 언제 어디서나 자연스럽게! 직접 만들어 예쁘게 입는 나만의 원피스. 여자들의 필수 아이템인 27가지 스타일 원피스를 담았다. 실물 크기 패턴도 함께 수록되어있어 재봉틀을 처음 배우는 초보자라도 뚝딱 만들 수 있다.

부티크 지음 | 112쪽 | 210×256mm | 10,000원

자수 한 땀, 사랑 한 땀, 행복 한 땀
나의 첫 프랑스 자수

바쁜 일상에 삶의 여유를 찾고 싶다면 아름답고 사랑스러운 프랑스 자수를 시작해보자. 이 책에서는 초보자도 쉽게 시작할 수 있도록 기본 스티치부터 단순하고 예쁜 도안 40가지를 소개한다. 사계절 풍경과 꽃, 동물 등 사랑스러운 작품을 만들어보자.

줄리엣 미슐레 지음 | 120쪽 | 188×200mm | 12,000원

트러블 · 잡티 · 잔주름 없는 명품 피부의 비결
홈메이드 천연화장품 만들기

피부를 건강하고 아름답게 만들어주는 홈메이드 천연화장품 레시피 북. 고급스럽고 내추럴한 천연화장품 35가지가 담겨 있다. 단계별 사진과 함께 자세히 설명되어있어 누구나 쉽게 만들 수 있고, 사용법도 친절하게 알려준다.

카렌 길버트 지음 | 152쪽 | 190×245mm | 13,000원

작은 공간을 두 배로 늘려주는
정리와 수납 아이디어 343

'숨은 공간'을 활용해서 정리와 수납을 완성하도록 도와주는 책. 수납 전문가들의 노하우가 한가득 담겨 있다. 물건을 줄이지 않아도 쾌적한 집을 만들어주는 깔끔한 정리의 기술이 다양한 사례가 사진과 함께 자세히 나와 있다.

오렌지페이지 지음 | 128쪽 | 210×275mm | 10,000원

• 여행 | 에세이

제주에서 만난 길, 바다, 그리고 나
나 홀로 제주 최신 개정판

혼자 떠난 제주에서 만나는 관광지, 맛집, 카페, 숙소 등을 소개한 책. 일상에 지친 사람이라면 혼자 떠나보자. 이 책은 제주를 북서부, 북동부, 남동부, 남서부 4지역으로 나눠 자세히 소개하고, 혼여행족이 알아두면 좋을 팁과 오일장 등의 정보도 담았다.

장은정 지음 | 320쪽 | 138×188mm | 15,000원

현지인이 알려주는 싱가포르의 또 다른 모습들
지금 우리, 싱가포르 최신 개정판

싱가포르는 작지만 멋진 풍경과 먹을거리, 즐길 거리 등이 풍성한 매력적인 여행지다. 이 책은 4년간의 싱가포르 생활을 통해 쌓은, 살아있는 정보들을 알려주는 여행 책이다. 유명 여행지는 물론 현지인만 아는 숨은 명소, 경험으로 얻은 꿀팁 등을 담았다.

최설희 글, 장요한 사진 | 288쪽 | 138×188mm | 13,500원

지브리에서 슬램덩크까지,
낭만 레트로 일본 애니여행

애니메이션에 등장하는 장소와 만화가들의 흔적을 찾아보는 신개념 테마 여행. 남녀노소 누구나 좋아하는 일본의 애니메이션 포인트 11곳을 담았다. 여행지 정보와 주변 관광지도 함께 소개해 처음 방문하는 사람이라도 즐겁게 떠날 수 있다.

윤정수 지음 | 208쪽 | 138×190mm | 12,000원

마음이 짠해 홀로 짠한 날
짠한 요즘

현실은 청춘에게 너그럽지 않다. 이 책은 짠한 청춘들에게 공감이란 이름의 위로를 건넨다. 사람에 지쳐 나 홀로 즐기는 혼술과 혼밥을 이야기하며 짠한 청춘을 다독인다. 누군가 알아주지 않아도, 누군가 인정하며 박수쳐주지 않아도, 부지런히 오늘을 채우는 당신. 그거면 됐다고…

우근철 지음 | 208쪽 | 138×190mm | 13,000원

낯선 도시로 떠나 진짜 인생을 찾는 이야기
내가 누구든, 어디에 있든

낯선 도시 뉴욕에서 꿈을 살다 온 청춘의 이야기. 꿈, 희망, 행복, 친구, 여행 등을 담아낸 73개의 담백한 에피소드와 다양한 그림, 사진을 실었다. 이 책의 모든 그림들은 뉴욕에서 아트북을 출간할 정도로 감각적인 실력을 갖춘 김나래 작가가 직접 그렸다.

김나래 지음 | 240쪽 | 138×188mm | 13,000원

유익한 정보와 다양한 이벤트가 있는
리스컴 블로그로 놀러 오세요!

홈페이지 www.leescom.com
인스타그램 www.instagram.com/leescom
리스컴 블로그 blog.naver.com/leescomm

글 | 리스컴 편집부
감수 | 서정호 (연세한결소아청소년과의원 원장)
정리·진행 | 김홍미

사진 | 김해원
아기 모델 | 기윤하 김태리 박지호 김민지 김연서 김예성
엄마 모델 | 강예슬 이은옥 이재은
아빠 모델 | 기태형

편집 | 안혜진 이희진
디자인 | 최수희
마케팅 | 김종선 이진목 홍수경
경영관리 | 남옥규

출력·인쇄 | 금강인쇄(주)

초판 1쇄 | 2019년 10월 14일
초판 3쇄 | 2020년 1월 6일

펴낸이 | 이진희
펴낸 곳 | (주)리스컴

주소 | 서울시 강남구 광평로 295, 사이룩스 서관 1302호
전화번호 | 대표번호 02-540-5192
            영업부 02-540-5193
            편집부 02-544-5922 / 5933 / 5944
FAX | 02-540-5194

등록번호 | 제2-3348

ISBN 979-11-5616-166-0 13590
값 12,000원